複素関数入門

Introduction to Complex Functions

吉岡　良雄・長瀬　智行

まえがき

自然現象の振る舞いを数式等で表現する場合，実数の範囲内では限界がある。理工系分野，特に電気系分野においては，実数と虚数を組み合わせた複素数の数式等を用いて電気的現象の振る舞いを容易に表現できる。つまり，実数関数の微分方程式や積分方程式等を複素数の範囲に拡大すること（ラプラス変換・逆変換）によって，容易に解析できるようになる。ここで，複素数とは，実数部と虚数部の和で与えられ，虚数部には実数の範囲では存在しない虚数単位 $i=\sqrt{-1}$ が導入される。この虚数単位を取り入れることによって，高校レベルでは求められなかった $\log_e(-1)$ 等の値を求めることができるようになる。

本書は，電気系分野に進もうとする学生が始めて複素数の関数（複素関数）に触れることを念頭に著したものである。また，大学 2 年生前期向けの教科書と位置づけ，講義 14 回分に分けて章立てを行った。すなわち，第 1 章および第 2 章は複素数の取り扱いなどの導入部分である。第 3 章から第 5 章は複素関数の微分（導関数）および導関数から導かれる公式等について示す。第 6 章から第 8 章は複素関数の積分に関する部分である。第 9 章・第 10 章は理工系分野で必ず出現するラプラス変換やフーリエ変換を取り扱う。第 11 章から第 14 章では複素関数が用いられている例や 3 次元複素数（四元数）について示し，本書の内容がどのような分野の基礎になっているか示す。各章は 1 回分の講義を想定し 4～6 ページにまとめ，理解し易いように数式の途中経過を示すとともに，練習問題を豊富に取り入れた。中には量の多い章があるので，必要に応じて 2 回分にしてもよい。

2014 年 8 月　著者

目　次

第１章　はじめに

高等学校の数Ⅰにおいて，２次方程式 $ax^2+bx+c=0$ の解として，

$$x_1=\frac{-b-\sqrt{b^2-4ac}}{2a},\qquad x_2=\frac{-b+\sqrt{b^2-4ac}}{2a}$$

であること，そしてまた**実数根**（x_1, x_2）が存在する**判別式**D（$=b^2-4ac$）として$D\geq 0$であることを習得している。すなわち，２次方程式$ax^2+bx+c=0$の２つの**実数根**x_1, x_2は，$a>0$および$D>0$の場合，図 1.1 に示すように，x軸と交わる点$(x_1,0)$および$(x_2,0)$である。また，$D=0$の場合，**実数根**がx_3の一つであり，**重根**という。そして，**判別式**Dが$D<0$のとき，図 1.1 に示すように，x軸と交わることがない。

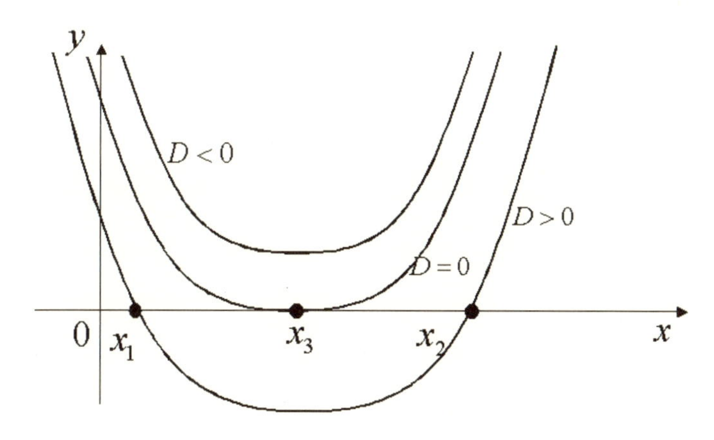

図 1.1　２次方程式$a\cdot x^2+b\cdot x+c=0$のグラフ

しかしながら，$D<0$の場合，x軸と交わることがない解（**複素数根**という）が数学的に存在する。すなわち，次式である。

$$x_1=\frac{-b-\sqrt{-1}\cdot\sqrt{4ac-b^2}}{2a},\qquad x_2=\frac{-b+\sqrt{-1}\cdot\sqrt{4ac-b^2}}{2a}$$

これは何を意味するか，数学に興味を持っている読者であれば，当然疑問に思うであろう。実数の範囲において，上式の$\sqrt{-1}$は存在しない数（**虚数単位**

（Imaginary Unit））である。そこで，$\sqrt{-1}$ を含めた数（**複素数**（Complex Number）という）の数学的取り扱い，物理的意味付けを明らかにした。すなわち，本書で示す**複素関数論**（Complex Functions Theorem）である。

まず，$\sqrt{-1}$ を一般に**虚数単位**（Imaginary Unit）i で表現する。当然ながら $i^2=-1$ である。従って，上の**複素数根** x_1，x_2 は以下のように表される。

$$x_1=\frac{-b-i\cdot\sqrt{4ac-b^2}}{2a}=\alpha-i\cdot\beta,\qquad x_2=\frac{-b+i\cdot\sqrt{4ac-b^2}}{2a}=\alpha+i\cdot\beta$$

ここで，

$$\alpha=-\frac{b}{2a},\qquad \beta=\frac{\sqrt{4ac-b^2}}{2a}$$

である。また，2 つの複素数根 x_1，x_2 の加算および積算は，$ax^2+bx+c=0$ の各係数との関係から，

$$x_1+x_2=2\cdot\alpha=-\frac{b}{a},\qquad x_1\cdot x_2=\alpha^2-i^2\cdot\beta^2=\alpha^2+\beta^2=\frac{c}{a}$$

となり，**虚数単位** i は消え，**実数**（Real Number）となる。このような複素数 $x_1=\alpha-i\cdot\beta$ と $x_2=\alpha+i\cdot\beta$ の関係を**共役複素数**（Conjugate Complex Number）といい，図 1.2 に示すように，複素平面上で実軸に対して対象な点となる。ここで，x_2 の共役複素数を $\overline{x_2}$ $(=x_1)$ または x_2^* $(=x_1)$ と表示する。なお，電気系の場合，電流 i と混同しやすいので j を虚数単位に用いる（第 10 章～第 13 章参照）。

これらの実数根や複素数根 x_1，x_2 が求められると，これらを用いて**実数関数** $f(x)=ax^2+bx+c$ は $f(x)=a\cdot(x-x_1)\cdot(x-x_2)$ で表される。すなわち，一般に $f(x_1)=0$ であれば，実数関数 $f(x)$ は $x-x_1$ の**因子**をもち，$f(x)=(x-x_1)\cdot g(x)$ と表される。もし，x_1 が複素数であればその共役複素数 $\overline{x_1}$ における $x-\overline{x_1}$ も因子となり，$f(x)=(x-x_1)\cdot(x-\overline{x_1})\cdot g(x)$ と表される。ここで，$g(x)$ は $f(x)$ の次数より低い実数関数である。例えば，実数関数 $f(x)=x^3+x^2+x+1$ は $f(-1)=0$ および $f(i)=0$ であるから，$x+1$，$x-i$ および $x+i$ の因子をもち，$f(x)=x^3+x^2+x+1=(x+1)\cdot(x-i)\cdot(x+i)$ で表される。そして，$f(x)=0$ の 3 つの解は，

$x_1 = -1$， $x_2 = i$ および $x_3 = -i \ (= \overline{x_2})$ となる。

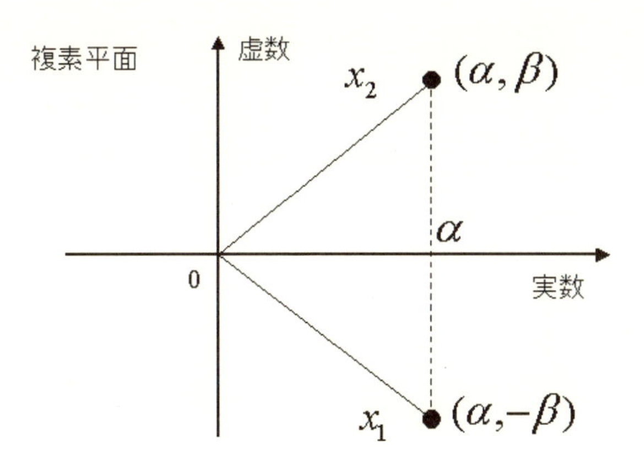

図 1.2　複素平面上での共役複素数の点

さらに，このような複素数の変数（**複素変数**（Complex Variable）という）$z = x + i \cdot y$（x, y は実数変数）を定義して，その関数（**複素関数**という）$f(z) = u(x, y) + i \cdot v(x, y)$（$u(x, y)$ および $v(x, y)$ は**実数関数**）を導入する（第 3 章以降）。この関数には**三角関数**（第 4 章），**指数関数**や**対数関数**など（第 5 章）を含む。そして，**実数関数**（Real Functions）で定義されている**微分**（第 3 章）や**積分**（第 6 章～第 8 章）などをこの**複素関数**（Complex Function）$f(z)$ に適用することによって，自然現象を容易に表現できるようになる（第 9 章～第 13 章）。また，情報通信分野において有用な四元数（3 次元複素数）について示す（第 14 章）。

次章以降において，これらを系統立てて述べることにする。なお，数学分野でよく用いられる主なギリシャ文字とその読みを次頁に示す。

小文字	大文字		読み	小文字	大文字		読み
α	A	alpha	アルファ	μ	M	mu	ミュー
β	B	beta	ベータ	ν	N	nu	ニュー
γ	Γ	gamma	ガンマ	π	Π	pi	パイ
δ	Δ	delta	デルタ	ρ	P	rho	ロー
ε	E	epsilon	イプシロン	τ	T	tau	タウ
θ	Θ	theta	シータ	σ	Σ	sigma	シグマ
η	H	eta	イータ	ω	Ω	omega	オメガ
λ	Λ	lambda	ラムダ	χ	X	chi	カイ

練習問題

問題 1.1　$x^2+x+1=0$ の複素数解を求めなさい。

問題 1.2　$x^4-1=0$ の複素数を含めた解を求めなさい。

問題 1.3　$x^7+x^6+x^5+x^4+x^3+x^2+x+1=0$ の複素数を含めた解を求めなさい（ヒント：一つの複素数解に$\frac{\sqrt{2}}{2}+i\cdot\frac{\sqrt{2}}{2}$がある)。さらに，これらの内，共役複素数の関係にある解を示しなさい。

問題 1.4　円の方程式$x^2+y^2=1$において，$y=x+a$と交わる点を求めなさい。

問題 1.5　$x^3-3x^2+8x-6=0$の複素数を含めた解を求めなさい。

問題 1.6　$x^4-5x^2-10x-6=0$の複素数を含めた解を求めなさい。

第2章　複素数表現・複素数演算

(1)　複素数の表現

複素数（Complex Number）とは，実数aおよびbにおいて，虚数記号（**虚数単位**）$i=\sqrt{-1}$を用いて$z=a+i\cdot b$で表される数である。ここで，前項aを**実数部**（Real Part），後項bを**虚数部**（Imaginary Part）といい，それぞれ$\mathrm{Re}(z)=a$，$\mathrm{Im}(z)=b$で表す。また，虚数部のみの場合（$a=0$）**純虚数**（Purely Imaginary Number）という。次に，実数部を横軸に，虚数部を縦軸にとった**直交座標**において，図2.1に示すように，複素数$z=a+i\cdot b$を直交座標の点$(a,\ b)$として表現する。この直交座標を**複素平面**（Complex Plane）または**ガウス平面**（Gauss Plane）という。ここで，rは原点と点$(a,\ b)$との**距離**（Distance）であり，θは実数軸とのなす角度（Argument）である。この関係から次式のように表すことができる（第4章へ）。

$$r=\sqrt{a^2+b^2},\qquad a=r\cdot\cos\theta,\qquad b=r\cdot\sin\theta$$

また，rを複素数$z=a+i\cdot b$の**絶対値**（Absolute Value）といい次式で表す。

$$r=|a+i\cdot b|=\sqrt{a^2+b^2}=\sqrt{(r\cdot\cos\theta)^2+(r\cdot\sin\theta)^2}$$

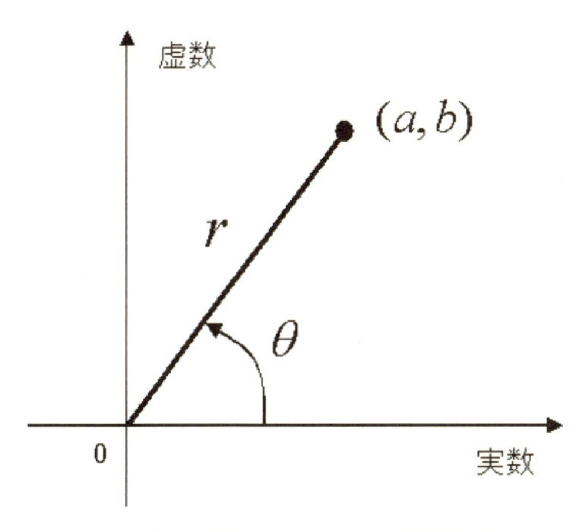

図2.1　複素数$a+i\cdot b$の座標表現

(2)　複素数の演算

以上のように複素数を表現すると，2つの複素数$z_1 = a + i \cdot b$，$z_2 = c + i \cdot d$が等しい（$z_1 = z_2$）とき，$a = c$および$b = d$となる。すなわち，$a + i \cdot b = c + i \cdot d$ならば$a = c$および$b = d$である。たとえば，$(x - y) + i \cdot (x + y) = 7 + i \cdot 5$ならば，$x - y = 7$および$x + y = 5$となる。そして，この連立方程式を解いて，$x = 6$および$y = -1$を得る。

また，2つの複素数$z_1 = a + i \cdot b$，$z_2 = c + i \cdot d$の加算および減算は次式となり，ともに**複素数**になる。

$$z_1 + z_2 = (a + i \cdot b) + (c + i \cdot d) = (a + c) + i \cdot (b + d)$$
$$z_1 - z_2 = (a + i \cdot b) - (c + i \cdot d) = (a - c) + i \cdot (b - d)$$

すなわち，実数部同士の加算・減算，および虚数部同士の加算・減算として求めることになり，さらに図 2.2 に示すようにベクトル合成のようにして求めることができる。

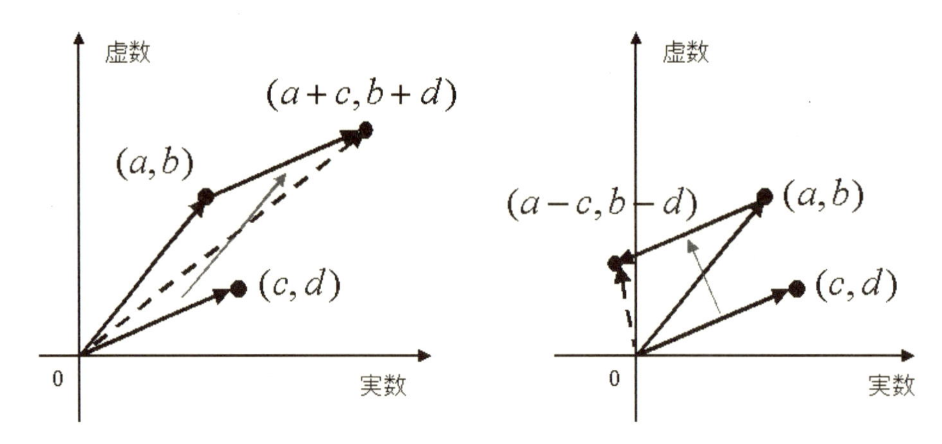

図 2.2　複素数の和（左）と差（右）

さらに，2つの複素数$z_1 = a + i \cdot b$および$z_2 = c + i \cdot d$の積算および除算も次式のようになり，ともに**複素数**になる。

$$\begin{aligned} z_1 \cdot z_2 &= (a + i \cdot b)(c + i \cdot d) = ac + i \cdot ad + i \cdot bc + i^2 \cdot bd \\ &= (ac - bd) + i \cdot (ad + bc) \end{aligned}$$

$$\frac{z_1}{z_2}=\frac{a+i\cdot b}{c+i\cdot d}=\frac{(a+i\cdot b)(c-i\cdot d)}{(c+i\cdot d)(c-i\cdot d)}=\frac{ac-i\cdot ad+i\cdot bc-i^2\cdot bd}{c^2-i^2\cdot d^2}$$
$$=\frac{(ac+bd)+i\cdot(bc-ad)}{c^2+d^2}=\frac{ac+bd}{c^2+d^2}+i\cdot\frac{bc-ad}{c^2+d^2}$$

ここで，除算において，分子および分母に複素数$c-i\cdot d$を乗じた。この2つの複素数$z_2=c+i\cdot d$および$c-i\cdot d$の関係は，前章で示した**共役複素数**（Conjugate Complex Number）であり，$z_2=c+i\cdot d$の**共役複素数**を$\overline{z_2}=c-i\cdot d$で表す。この共役複素数を用いると次式となる。

$$\frac{z+\overline{z}}{2}=\frac{(c+i\cdot d)+(c-i\cdot d)}{2}=c=\mathrm{Re}(z)$$
$$\frac{z-\overline{z}}{2\cdot i}=\frac{(c+i\cdot d)-(c-i\cdot d)}{2}=d=\mathrm{Im}(z)$$

また，複素数$z=c+i\cdot d$の**絶対値** r についても$r^2=z\cdot\overline{z}=|z|^2$であり，共役複素数を用いて次式のようになる。

$$z\cdot\overline{z}=(c+i\cdot d)\cdot(c-i\cdot d)=c^2-i^2\cdot d^2=c^2+d^2=r^2=|z|^2$$

例題：　$x^6-1=0$の複素数を含む6つの解をx_0，x_1，x_2，x_3，x_4，x_5とし，その中から重複を含む任意の2つを取り出した積は，6つの解の一つと一致することを示しなさい。まず，$x^6-1=(x-1)(x+1)(x^2+x+1)(x^2-x+1)$と因数分解できるので，$x^6-1=0$の解はそれぞれ以下のようになる。

$$x_0=1,\qquad x_1=\frac{1+i\sqrt{3}}{2},\qquad x_2=\frac{-1+i\sqrt{3}}{2},$$

$$x_3=-1,\qquad x_4=\frac{-1-i\sqrt{3}}{2}\ (=\overline{x_2}),\qquad x_5=\frac{1-i\sqrt{3}}{2}\ (=\overline{x_1}),$$

次に，重複を含む任意の2つの積は，$x_0\cdot x_0=x_0$，$x_0\cdot x_1=x_1$，$x_0\cdot x_2=x_2$，$x_0\cdot x_3=x_3$，$x_6\cdot x_4=x_4$，$x_0\cdot x_5=x_5$，$x_1\cdot x_1=x_2$，$x_1\cdot x_2=x_3$，$x_1\cdot x_3=x_4$，$x_1\cdot x_4=x_5$，$x_1\cdot x_5=x_0$，$x_2\cdot x_2=x_4$，$x_2\cdot x_3=x_5$，$x_2\cdot x_4=x_0$，$x_2\cdot x_5=x_1$，$x_3\cdot x_3=x_0$，$x_3\cdot x_4=x_1$，$x_3\cdot x_5=x_2$，$x_4\cdot x_4=x_2$，$x_4\cdot x_5=x_3$，$x_5\cdot x_5=x_4$となることが分かる。すなわち，$x_m\cdot x_n=x_{m+n \bmod 6}$となっている。ここで，$m+n \bmod 6$とは，$m+n$を6で割った

余りを表す。例えば，$m+n$が12や24（6の倍数）であれば$m+n \bmod 6=0$であり，15および27（6の倍数に3を加えた値）であれば$m+n \bmod 6=3$となる。なお，$x^6-1=0$について行ったが，一般に$x^n-1=0$の場合においても同様である（第5章へ）。

練習問題

問題 2.1　3つの複素数$z_1=2+i$，$z_2=3-2\cdot i$，$z_3=-\frac{1}{2}+\frac{\sqrt{3}}{2}\cdot i$について，次式の値を求めなさい。

(a)　$|3z_1^2+2z_2|$　　(b)　$z_1^3-2z_1^2+3z_1$

(c)　$\left|\frac{z_2+z_3-3-2\cdot i}{z_1-z_2-2-3\cdot i}\right|^2$　　(d)　$\overline{z_1\cdot z_2\cdot z_3}$

(e)　$\frac{\overline{z_1}}{z_2}$

問題 2.2　次式において，実数xおよびyの値を求めなさい。

$3x+2y\cdot i-x\cdot i+5y=7+5\cdot i$

問題 2.3　2つの複素数z_1およびz_2において，次式を証明しなさい。

(a)　$|z_1\cdot z_2|=|z_1|\cdot|z_2|$　　(b)　$\overline{z_1+z_2}=\overline{z_1}+\overline{z_2}$

(c)　$\overline{z_1-z_2}=\overline{z_1}-\overline{z_2}$　　(d)　$\overline{\left(\frac{z_1}{z_2}\right)}=\frac{\overline{z_1}}{\overline{z_2}}$

問題 2.4　2つの複素数z_1およびz_2において，$|z_1+z_2|\leq|z_1|+|z_2|$であることを示しなさい。

第3章　複素関数の微分

(1)　微分（Differential）の定義式

微分は，連続な実数関数 $f(x)$ の点 $(x, f(x))$ の**傾き**で定義されており（**微分の定義式**），図3.1に示す傾き（**微分係数**，**導関数**）から次式である。

$$\lim_{h\to 0}\frac{f(x+h)-f(x)}{h}=\frac{d}{dx}f(x)=f'(x)$$

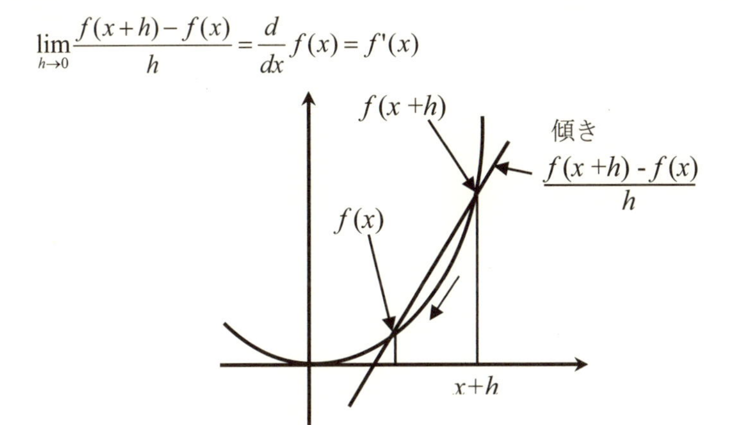

図3.1　2点 $(x, f(x))$ と $(x+h, f(x+h))$ との傾き

この**微分の定義式**を利用して，種々の関数の微分を行うことができる。例えば，$f(x)=x^2$ の微分は以下のようになる。

$$\frac{d}{dx}f(x)=\lim_{h\to 0}\frac{f(x+h)-f(x)}{h}=\lim_{h\to 0}\frac{(x+h)^2-x^2}{h}=\lim_{h\to 0}\frac{2xh+h^2}{h}=\lim_{h\to 0}(2x+h)=2x$$

また，この**微分の定義式**を利用して，以下の**定理**を導くことができる。

関数の積の微分：

$$\begin{aligned}
\frac{d}{dx}\{f(x)\cdot g(x)\}&=\lim_{h\to 0}\frac{f(x+h)\cdot g(x+h)-f(x)\cdot g(x)}{h}\\
&=\lim_{h\to 0}\frac{f(x+h)\cdot g(x+h)-f(x)\cdot g(x+h)+f(x)\cdot g(x+h)-f(x)\cdot g(x)}{h}\\
&=\lim_{h\to 0}\frac{f(x+h)\cdot g(x+h)-f(x)\cdot g(x+h)}{h}+\lim_{h\to 0}\frac{f(x)\cdot g(x+h)-f(x)\cdot g(x)}{h}\\
&=\lim_{h\to 0}g(x+h)\cdot\frac{f(x+h)-f(x)}{h}+\lim_{h\to 0}f(x)\cdot\frac{g(x+h)-g(x)}{h}
\end{aligned}$$

$$= g(x)\cdot\frac{d}{dx}f(x)+f(x)\cdot\frac{d}{dx}g(x)$$

関数の分数の微分：

$$\frac{d}{dx}\left\{\frac{f(x)}{g(x)}\right\}=\lim_{h\to 0}\frac{\dfrac{f(x+h)}{g(x+h)}-\dfrac{f(x)}{g(x)}}{h}=\lim_{h\to 0}\frac{f(x+h)\cdot g(x)-f(x)\cdot g(x+h)}{h\cdot g(x+h)\cdot g(x)}$$

$$=\lim_{h\to 0}\frac{f(x+h)\cdot g(x)-f(x)\cdot g(x)+f(x)\cdot g(x)-f(x)\cdot g(x+h)}{h\cdot g(x+h)\cdot g(x)}$$

$$=\lim_{h\to 0}\frac{g(x)}{g(x+h)\cdot g(x)}\cdot\frac{f(x+h)-f(x)}{h}-\lim_{h\to 0}\frac{f(x)}{g(x+h)\cdot g(x)}\cdot\frac{g(x+h)-f(x)}{h}$$

$$=\frac{g(x)}{\{g(x)\}^2}\cdot\frac{d}{dx}f(x)-\frac{f(x)}{\{g(x)\}^2}\cdot\frac{d}{dx}g(x)$$

関数の関数の微分：

$$\frac{d}{dx}f\{g(x)\}=\lim_{h\to 0}\frac{f\{g(x+h)\}-f\{g(x)\}}{h}$$

$$=\lim_{\Delta\to 0}\lim_{h\to 0}\frac{f\{g(x)+\Delta\}-f\{g(x)\}}{h}\qquad \Delta=g(x+h)-g(x)$$

$$=\lim_{\Delta\to 0}\lim_{h\to 0}\frac{f\{g(x)+\Delta\}-f\{g(x)\}}{\Delta}\cdot\frac{\Delta}{h}$$

$$=\lim_{\Delta\to 0}\frac{f(y+\Delta)-f(y)}{\Delta}\cdot\lim_{h\to 0}\frac{g(x+h)-g(x)}{h}=\frac{d}{dy}f(y)\cdot\frac{d}{dx}g(x)\qquad y=g(x)$$

(2)　正則関数（Holomorphic Function／Regular Function）

複素変数（Complex Variable）$z=x+i\cdot y$（x, yは実数）の関数を**複素関数**（Complex Function）といい，実数関数における微分係数と同様，複素関数$f(z)$における**微分係数**（**導関数**）が

$$\frac{d}{dz}f(z)=\lim_{\Delta z\to 0}\frac{f(z+\Delta z)-f(z)}{\Delta z}=c\qquad（有限値）$$

で表され，$\Delta z=\Delta x+i\cdot\Delta y$のいかなる方向に対して有限の一定値$c$をとるとき，**正則**（Holomorphic）であるという。この**複素関数**$f(z)$は$f(z)=u(x,y)+i\cdot v(x,y)$とおくことができる。ここで，$u(x,y)$および$v(x,y)$は$x$および$y$の**実数関数**（Real Function）である。そして，

$$u(x+\Delta x, y+\Delta y)-u(x,y)=\Delta x\cdot\frac{\partial}{\partial x}u(x,y)+\Delta y\cdot\frac{\partial}{\partial y}u(x,y)$$

$$v(x+\Delta x, y+\Delta y)-v(x,y)=\Delta x\cdot\frac{\partial}{\partial x}v(x,y)+\Delta y\cdot\frac{\partial}{\partial y}v(x,y)$$

であるから，上の微分係数は以下のようになる。

$$\frac{d}{dz}f(z)=\lim_{\Delta z\to 0}\frac{f(z+\Delta z)-f(z)}{\Delta z} \qquad \Delta z=\Delta x+i\cdot\Delta y$$

$$=\lim_{\substack{\Delta x\to 0\\ \Delta y\to 0}}\frac{\{u(x+\Delta x,y+\Delta y)+i\cdot v(x+\Delta x,y+\Delta y)\}-\{u(x,y)+i\cdot v(x,y)\}}{\Delta x+i\cdot\Delta y}$$

$$=\lim_{\substack{\Delta x\to 0\\ \Delta y\to 0}}\frac{\left\{\Delta x\cdot\frac{\partial}{\partial x}u(x,y)+\Delta y\cdot\frac{\partial}{\partial y}u(x,y)\right\}+i\cdot\left\{\Delta x\cdot\frac{\partial}{\partial x}v(x,y)+\Delta y\cdot\frac{\partial}{\partial y}v(x,y)\right\}}{\Delta x+i\cdot\Delta y}$$

$$=\frac{\left\{\frac{\partial}{\partial x}u(x,y)+m\cdot\frac{\partial}{\partial y}u(x,y)\right\}+i\cdot\left\{\frac{\partial}{\partial x}v(x,y)+m\cdot\frac{\partial}{\partial y}v(x,y)\right\}}{1+i\cdot m}=c$$

ここで，$m=\lim_{\substack{\Delta x\to 0\\ \Delta y\to 0}}\frac{\Delta y}{\Delta x}$であり，以下の関係式を得る。

$$\frac{\partial}{\partial x}u(x,y)+i\cdot\frac{\partial}{\partial x}v(x,y)-c+m\cdot\left\{\frac{\partial}{\partial y}u(x,y)+i\cdot\frac{\partial}{\partial y}v(x,y)-i\cdot c\right\}=0$$

mの値に関係なく（Δzのいかなる方向），微分係数cが存在するためには，

$$\frac{\partial}{\partial x}u(x,y)+i\cdot\frac{\partial}{\partial x}v(x,y)=c, \qquad \frac{\partial}{\partial y}u(x,y)+i\cdot\frac{\partial}{\partial y}v(x,y)=i\cdot c$$

である。さらに，

$$c=\frac{\partial}{\partial x}u(x,y)+i\cdot\frac{\partial}{\partial x}v(x,y)=\frac{1}{i}\cdot\left\{\frac{\partial}{\partial y}u(x,y)+i\cdot\frac{\partial}{\partial y}v(x,y)\right\}$$

$$=\frac{\partial}{\partial y}v(x,y)-i\cdot\frac{\partial}{\partial y}u(x,y)$$

から，次の**正則条件**（Holomorphic Condition）を得る。

$$\frac{\partial}{\partial x}u(x,y)=\frac{\partial}{\partial y}v(x,y), \qquad \frac{\partial}{\partial x}v(x,y)=-\frac{\partial}{\partial y}u(x,y)$$

この条件式を**コーシー・リーマンの方程式**（Cauchy-Riemann Equation）という。上式が成立すると，複素関数 $f(z)$ の**微分係数**は次式となる。

$$\frac{d}{dz}f(z)=\lim_{\Delta z\to 0}\frac{f(z+\Delta z)-f(z)}{\Delta z}=\frac{\partial}{\partial x}u(x,y)+i\cdot\frac{\partial}{\partial y}v(x,y)$$

同様に，複素関数 $f(z)$ の n 階微分は次式となる。

$$\frac{d^n}{dz^n}f(z)=\frac{\partial^n}{\partial x^n}u(x,y)+i\cdot\frac{\partial^n}{\partial y^n}v(x,y)$$

この結果は複素関数論の礎になっている。そして，このような**正則条件**が成立する複素関数 $f(z)$ を**正則関数**という。なお，極座標形式での**正則条件**は変数変換によって次式となる。

$$\frac{\partial}{\partial r}u(r,\theta)=\frac{1}{r}\cdot\frac{\partial}{\partial\theta}v(r,\theta),\qquad \frac{\partial}{\partial r}v(r,\theta)=-\frac{1}{r}\cdot\frac{\partial}{\partial\theta}u(r,\theta)$$

(3)　調和関数（Harmonic Function）

正則条件式をさらに微分すると次式を得る。

$$\frac{\partial^2}{\partial x^2}u(x,y)=\frac{\partial^2}{\partial x\partial y}v(x,y)=-\frac{\partial^2}{\partial y^2}u(x,y)$$

$$\to\quad\frac{\partial^2}{\partial x^2}u(x,y)+\frac{\partial^2}{\partial y^2}u(x,y)=0$$

$$\frac{\partial^2}{\partial x^2}v(x,y)=-\frac{\partial^2}{\partial x\partial y}u(x,y)=-\frac{\partial^2}{\partial y^2}v(x,y)$$

$$\to\quad\frac{\partial^2}{\partial x^2}v(x,y)+\frac{\partial^2}{\partial y^2}v(x,y)=0$$

ゆえに，正則関数の実部 $u(x,y)$ と虚部 $v(x,y)$ はともにラプラスの方程式（Laplace Formula）を満足する。ラプラスの方程式を満足する解 $u(x,y)$ および $v(x,y)$ を一般に**調和関数**という。ただし，調和関数は正則関数になるとは限らない。なお，極座標形式については，同様に次式となる。

$$\frac{\partial^2}{\partial r^2}u(r,\theta)+\frac{1}{r}\cdot\frac{\partial}{\partial r}u(r,\theta)+\frac{1}{r^2}\cdot\frac{\partial^2}{\partial\theta^2}u(r,\theta)=0$$

$$\frac{\partial^2}{\partial r^2}v(r,\theta)+\frac{1}{r}\cdot\frac{\partial}{\partial r}v(r,\theta)+\frac{1}{r^2}\cdot\frac{\partial^2}{\partial\theta^2}v(r,\theta)=0$$

また，ラプラスの方程式とは，非圧縮性流体のポテンシャル方程式から導き出された方程式であり，次式である。

$$\frac{\partial^2}{\partial x^2}V(x,y,z)+\frac{\partial^2}{\partial y^2}V(x,y,z)+\frac{\partial^2}{\partial z^2}V(x,y,z)=0$$

ここで，$V(x,y,z)$は，電位（ポテンシャル）などを表す関数である。そして，領域を含む表面での電位$V(x,y,z)$の値が指定されると，領域の中で上式を満足する関数$V(x,y,z)$が唯一に決まる。すなわち，上式の**調和関数**と同じである。

練習問題

問題 3.1　複素関数$f(z)=e^x\cdot(\cos y+i\cdot\sin y)$が正則であるか調べなさい。

問題 3.2　複素関数$f(z)=(x+\alpha y)^2+i\cdot 2(x-\alpha y)$（$\alpha$は実数定数）が正則関数であるか調べなさい。

問題 3.3　次の複素関数について，極座標形式によって微分可能であるか調べなさい。

(a)　$f(z)=z^2$　　(b)　$f(z)=\dfrac{1}{z^2}$

(c)　$f(z)=z^2+z$

問題 3.4　次に示す複素関数は，コーシー・リーマンの方程式を満たすか調べなさい。

(a)　$f(x,y)=x-i\cdot y+1$

(b)　$f(x,y)=y^3-3x^2y+i\cdot(x^3-3xy^2+2)$

(c)　$f(x,y)=e^y\cdot(\cos x+i\cdot\sin y)$

問題 3.5　次に示す複素関数は，正則関数であるか調べなさい。

(a)　$f(z)=z^2+2z$　　(b)　$f(z)=z^2=(x^2-y^2)+i\cdot 2xy$

問題 3.6　複素平面zにおいて，次に示す$u(x,y)$が与えられてとき，調和関数$f(z)$と$v(x,y)$を求めなさい。

(a)　$u(x,y)=y^2-x^2$　　(b)　$u(x,y)=3x^2y-y^3$

(c)　$u(x,y) = x^3 - 3xy^2 + y$　　(d)　$u(x,y) = 2x(1-y)$

(e)　$u(x,y) = x^2 - y^2 - 2xy - 2x + 3y$

問題 3.7　複素関数 $f(z) = u(x,y) + i \cdot v(x,y)$ が正則であるならば，次式の関数 $u(x,y)$ において調和関数となる $v(x,y)$ を求めなさい。

(a)　$u(x,y) = x^3 - 3xy^2 + y$　　(b)　$u(x,y) = x^3 - 2xy - 3xy^2$

(c)　$u(x,y) = e^{-x} \cdot \sin y$　　(d)　$u(x,y) = e^{-x} \cdot (x \cdot \sin y - y \cdot \cos y)$

(e)　$u(x,y) = y^3 - 3x^2 y$　　(f)　$u(x,y) = x^3 - 3x^2 y - 3xy^2 + y^3$

問題 3.8　$u(x,y) = \log_e(x^2 + y^2)$ であるとき，閉領域 C において調和関数であるか調べなさい。

問題 3.9　関数 $u(r,\theta) = r^2 \cdot \cos(2\theta)$ について，調和関数となるような $v(r,\theta)$ を求め，複素関数 $f(z) = u(r,\theta) + i \cdot v(r,\theta)$ が調和関数になるか調べなさい。

問題 3.10　関数 $u(x,y) = \log_e\{(x-1)^2 + (y-2)^2\}$ が閉領域 C 内で調和関数であるか調べなさい。

第 4 章　オイラーの公式

(1)　テーラー級数展開式（Taylor's Series）

連続な**実数関数** $f(x)$ は，一般に次の多項式で表される。

$$f(x)=a_0+\frac{a_1}{1!}\cdot(x-\alpha)^1+\frac{a_2}{2!}\cdot(x-\alpha)^2+\frac{a_3}{3!}\cdot(x-\alpha)^3+\cdots+\frac{a_n}{n!}\cdot(x-\alpha)^n+\cdots$$
$$=\sum_{n=0}^{\infty}\frac{a_n}{n!}\cdot(x-\alpha)^n$$

上式において，n 回微分して $x=\alpha$ とおけば以下のようになる。

$$f(\alpha)=a_0$$
$$f'(\alpha)=\lim_{x\to\alpha}\frac{d}{dx}f(x)=\lim_{x\to 0}\{a_1+\frac{a_2}{1!}\cdot(x-\alpha)^1+\frac{a_3}{2!}\cdot(x-\alpha)^2+\cdots\}=a_1$$
$$f''(\alpha)=\lim_{x\to\alpha}\frac{d^2}{dx^2}f(x)=\lim_{x\to 0}\{a_2+\frac{a_3}{1!}\cdot(x-\alpha)^1+\frac{a_4}{2!}\cdot(x-\alpha)^2+\cdots\}=a_2$$

－－－－－

$$f^{(n)}(\alpha)=\lim_{x\to\alpha}\frac{d^n}{dx^n}f(x)=\lim_{x\to 0}\{a_n+\frac{a_{n+1}}{1!}\cdot(x-\alpha)^1+\frac{a_{n+2}}{2!}\cdot(x-\alpha)^2+\cdots\}=a_n$$

－－－－－

ここで，α は $f^{(n)}(\alpha)$ が有限値をとる任意の実数定数である。従って，関数 $f(x)$ は以下のようになる。

$$f(x)=f(\alpha)+\frac{f'(\alpha)}{1!}\cdot(x-\alpha)^1+\frac{f''(\alpha)}{2!}\cdot(x-\alpha)^2+\cdots+\frac{f^{(n)}(\alpha)}{n!}\cdot(x-\alpha)^n+\cdots$$
$$=\sum_{n=0}^{\infty}\frac{f^{(n)}(\alpha)}{n!}\cdot(x-\alpha)^n$$

この式を**テーラー級数展開式**（Taylor's Series）という。なお，複素関数におけるテーラー級数展開式においては第 8 章に示す。

(2)　マクローリン級数展開式（Maclaurin's Series）

テーラー展開式において，$\alpha=0$ とした展開式を**マクローリン級数展開式**という。すなわち，次式である。

$$f(x)=f(0)+\frac{f'(0)}{1!}\cdot x^1+\frac{f''(0)}{2!}\cdot x^2+\cdots+\frac{f^{(n)}(0)}{n!}\cdot x^n+\cdots=\sum_{n=0}^{\infty}\frac{f^{(n)}(0)}{n!}\cdot x^n$$

この例として，$f(x)=e^x$ のマクローリン級数展開式は以下のようになる。

$$f(x)=\frac{d}{dx}f(x)=\frac{d^2}{dx^2}f(x)=\cdots=e^x$$
$$f(0)=f'(0)=f''(0)=\cdots=f^{(n)}(0)=\cdots=1$$

従って，次式となる。

$$e^x=1+\frac{1}{1!}\cdot x^1+\frac{1}{2!}\cdot x^2+\cdots+\frac{1}{n!}\cdot x^n+\cdots=\sum_{n=0}^{\infty}\frac{x^n}{n!}$$

なお，この展開式は複素数xにおいても成立する。

(3)　オイラーの公式（Euler's Formula）

三角関数$\cos\theta$および$\sin\theta$について，マクローリン級数展開を行うと以下のようになる。すなわち，$\cos\theta$および$\sin\theta$の微分は

$$\frac{d}{d\theta}\cos(\theta)=-\sin(\theta),\qquad \frac{d}{d\theta}\sin(\theta)=\cos(\theta)$$

となるので，$\cos\theta$および$\sin\theta$のマクローリン級数展開式は

$$\cos(\theta)=1-\frac{\theta^2}{2!}+\frac{\theta^4}{4!}-\frac{\theta^6}{6!}+\cdots,\qquad \sin(\theta)=\theta-\frac{\theta^3}{3!}+\frac{\theta^5}{5!}-\frac{\theta^7}{7!}+\cdots$$

となる。一方，指数関数e^xにおいて，$x=i\cdot\theta$（**純虚数**）とおいたとき，このマクローリン級数展開式は次式となる。

$$\begin{aligned}e^x=e^{i\cdot\theta}&=1+i\cdot\frac{\theta}{1!}-\frac{\theta^2}{2!}-i\cdot\frac{\theta^3}{3!}+\frac{\theta^4}{4!}+i\cdot\frac{\theta^5}{5!}+\cdots\\&=\left(1-\frac{\theta^2}{2!}+\frac{\theta^4}{4!}-\cdots\right)+i\cdot\left(\theta-\frac{\theta^3}{3!}+\frac{\theta^5}{5!}-\cdots\right)=\cos\theta+i\cdot\sin\theta\end{aligned}$$

この式を**オイラーの公式（Euler's Formula）**という。

(4)　三角関数（Trigonometric Function）の関係式

$\cos(-\theta)=\cos\theta$，$\sin(-\theta)=-\sin\theta$であるため，$e^{-i\cdot\theta}=\cos(\theta)-i\cdot\sin(\theta)$となる。従って，次式を得る。

$$\cos(\theta)=\frac{e^{i\cdot\theta}+e^{-i\cdot\theta}}{2},\qquad \sin(\theta)=\frac{e^{i\cdot\theta}-e^{-i\cdot\theta}}{2\cdot i}$$

これらの式の積から次の関係式を導き出すことができる。

$$\sin(\alpha)\cdot\sin(\beta)=\frac{1}{2}\{-\cos(\alpha+\beta)+\cos(\alpha-\beta)\}$$

$$\cos(\alpha)\cdot\cos(\beta)=\frac{1}{2}\{\cos(\alpha+\beta)+\cos(\alpha-\beta)\}$$

$$\sin(\alpha)\cdot\cos(\beta)=\frac{1}{2}\{\sin(\alpha+\beta)+\sin(\alpha-\beta)\}$$

さらに，これらの和・差から，次の関係式を得る。

$$\cos(\alpha+\beta)=\cos(\alpha)\cdot\cos(\beta)-\sin(\alpha)\cdot\sin(\beta)$$
$$\cos(\alpha-\beta)=\cos(\alpha)\cdot\cos(\beta)+\sin(\alpha)\cdot\sin(\beta)$$
$$\sin(\alpha+\beta)=\sin(\alpha)\cdot\cos(\beta)+\cos(\alpha)\cdot\sin(\beta)$$
$$\sin(\alpha-\beta)=\sin(\alpha)\cdot\cos(\beta)-\cos(\alpha)\cdot\sin(\beta)$$

最上式において，$\alpha=\beta$とすれば次の関係式を得る。

$$\cos(2\alpha)=\{\cos(\alpha)\}^2-\{\sin(\alpha)\}^2=1-2\{\sin(\alpha)\}^2=2\{\cos(\alpha)\}^2-1$$
$$\rightarrow \quad \{\sin(\alpha)\}^2=\frac{1-\cos(2\alpha)}{2}, \qquad \{\cos(\alpha)\}^2=\frac{1+\cos(2\alpha)}{2}$$

次に，複素数$a+i\cdot b$について$a=r\cdot\cos\theta$および$b=r\cdot\sin\theta$で表すことができることを第2章（図2.1）で示した。そして，**オイラーの公式**を用いると，次式で表される。

$$a+i\cdot b=r\cdot(\cos\theta+i\cdot\sin\theta)=r\cdot e^{i\cdot\theta}$$

また，**複素数の絶対値**（Absolution）は次式となる。

$$r=|a+i\cdot b|=r\cdot\sqrt{(\cos\theta)^2+(\sin\theta)^2}=|r\cdot e^{i\cdot\theta}|$$

すなわち，$|e^{i\cdot\theta}|=1$である。さらに，三角関数は**周期関数**$\cos\theta=\cos(\theta+2n\pi)$および$\sin\theta=\sin(\theta+2n\pi)$であるため，上の複素数は次式で表される。

$$a+i\cdot b=r\cdot\{\cos(\theta+2n\pi)+i\cdot\sin(\theta+2n\pi)\}=r\cdot e^{i\cdot(\theta+2n\pi)}$$

例えば，**複素数のべき乗根**は以下のようになる。

$$(a+i\cdot b)^{\frac{1}{m}}=\{r\cdot\cos(\theta+2n\pi)+i\cdot r\cdot\sin(\theta+2n\pi)\}^{\frac{1}{m}}=\{r\cdot e^{i\cdot(\theta+2n\pi)}\}^{\frac{1}{m}}$$
$$=r^{\frac{1}{m}}\cdot\left\{\cos\left(\frac{\theta+2n\pi}{m}\right)+i\cdot\sin\left(\frac{\theta+2n\pi}{m}\right)\right\} \qquad (n=0,1,\cdots,m-1)$$

すなわち，m個の値を取り，このような関数を**多価関数**（Multi-valued

Function）という。なお，**複素変数**において，$z=x+i\cdot y$と表す形式を(x,y)の**直交座標形式**ということに対して，$z=r\cdot\cos\theta+i\cdot r\cdot\sin\theta$と表す形式を$(r,\theta)$の**極座標形式**（Polar Form）という（図2.1参照）。

(5)　平面上（R^2）での回転（Rotation）

複素平面上において，複素数$z_1=x_1+i\cdot y_1$の点(x_1,y_1)を，原点を中心として角度θ分回転した点(x_2,y_2)の複素数$z_2=x_2+i\cdot y_2$は，**オイラーの公式**を利用して，次式で与えられる。

$$
\begin{aligned}
z_2(=x_2+i\cdot y_2)&=e^{i\cdot\theta}\cdot z_1=(\cos\theta+i\cdot\sin\theta)\cdot(x_1+i\cdot y_1)\\
&=x_1\cdot\cos\theta-y_1\cdot\sin\theta+i\cdot(x_1\cdot\sin\theta+y_1\cdot\cos\theta)
\end{aligned}
$$

すなわち，$x_2=x_1\cdot\cos\theta-y_1\cdot\sin\theta$および$y_2=x_1\cdot\sin\theta+y_1\cdot\cos\theta$である。この式を行列式で表すと以下のようになる。

$$
\begin{bmatrix}x_2\\y_2\end{bmatrix}=\begin{bmatrix}\cos\theta & -\sin\theta\\ \sin\theta & \cos\theta\end{bmatrix}\cdot\begin{bmatrix}x_1\\y_1\end{bmatrix}=\mathbf{A}_p\cdot\begin{bmatrix}x_1\\y_1\end{bmatrix}
$$

ここで，行列$\mathbf{A}_p$を**回転ベクトル**（または，**回転要素**）という。また，点の回転ではなく，座標軸を回転して得られた新しい座標は，上式のθに$-\theta$を代入すれば得られ，この回転ベクトル$\mathbf{A}_c$は次式である。

$$
\mathbf{A}_c=\begin{bmatrix}\cos\theta & \sin\theta\\ -\sin\theta & \cos\theta\end{bmatrix}
$$

これらの回転ベクトル$\mathbf{A}_p$および$\mathbf{A}_c$は，複素数に関係なく，一般的に2次元空間（R^2）での座標点回転や座標軸回転を表す。さらに，3次元空間（R^3）上の点(x_1,y_1,z_1)において，図4.1に示すように，x軸，y軸およびz軸での座標軸回転による新座標の値(x_2,y_2,z_2)は，それぞれ次式となる。

$$
\begin{bmatrix}x_2\\y_2\\z_2\end{bmatrix}=\begin{bmatrix}1 & 0 & 0\\ 0 & \cos\theta_{\mathrm{x}} & \sin\theta_x\\ 0 & -\sin\theta_x & \cos\theta_x\end{bmatrix}\cdot\begin{bmatrix}x_1\\y_1\\z_1\end{bmatrix}=\mathbf{A}_x\cdot\begin{bmatrix}x_1\\y_1\\z_1\end{bmatrix}
$$

$$
\begin{bmatrix}x_2\\y_2\\z_2\end{bmatrix}=\begin{bmatrix}\cos\theta_y & 0 & -\sin\theta_y\\ 0 & 1 & 0\\ \sin\theta_y & 0 & \cos\theta_y\end{bmatrix}\cdot\begin{bmatrix}x_1\\y_1\\z_1\end{bmatrix}=\mathbf{A}_y\cdot\begin{bmatrix}x_1\\y_1\\z_1\end{bmatrix}
$$

$$\begin{bmatrix} x_2 \\ y_2 \\ z_2 \end{bmatrix} = \begin{bmatrix} \cos\theta_z & \sin\theta_z & 0 \\ -\sin\theta_z & \cos\theta_z & 0 \\ 0 & 0 & 1 \end{bmatrix} \cdot \begin{bmatrix} x_1 \\ y_1 \\ z_1 \end{bmatrix} = \mathbf{A}_z \cdot \begin{bmatrix} x_1 \\ y_1 \\ z_1 \end{bmatrix}$$

ここで，θ_x，θ_y，θ_z はそれぞれ x 軸での回転角度，y 軸での回転角度，z 軸での回転角度を表し，$\mathbf{A}_x$，$\mathbf{A}_y$，$\mathbf{A}_z$ はそれぞれ x 軸での**回転ベクトル**，y 軸での**回転ベクトル**，z 軸での**回転ベクトル**である。なお，3 次元空間（R^3）における任意の平面上での回転については，第 14 章の**四元数**（Quaternion）で述べる。

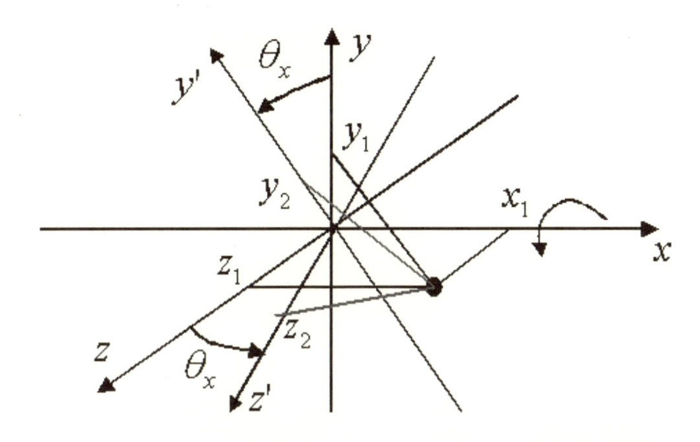

図 4.1　3 次元空間における x 軸での座標回転

練習問題

問題 4.1　次に示す関数 $f(x)$ について，各 β の周りでのテーラー級数展開式を求めなさい。なお，$\beta = 0$ の場合マクローリン級数展開式である。

(a)　$f(x) = \log_e x$　$(\beta = e)$　　(b)　$f(x) = \log_e(1+x)$　$(\beta = 4)$

(c)　$f(x) = e^x$　$(\beta = 0)$　　(d)　$f(x) = \cos x$　$(\beta = 0)$

(e)　$f(x) = \sin x$　$(\beta = 0)$　　(f)　$f(x) = \dfrac{1}{1-x}$　$(\beta = 0)$

(g)　$f(x) = \dfrac{1}{x+3}$　$(\beta = 3)$　　(h)　$f(x) = \dfrac{1}{x^2}$　$(\beta = -1)$

(i)　$f(x)=\dfrac{x}{2+x}$　$(\beta=-1)$　　(j)　$f(x)=x^3-10x+6$　　$(\beta=3)$

(k)　$f(x)=x^4-2x^2+5x-1$　$(\beta=1)$

(l)　$f(x)=\sin(2x)$　　$(\beta=0)$　　(m)　$f(x)=e^x+e^{-x}$　　$(\beta=0)$

問題 4.2　次の三角関数の値を求めなさい。

(a)　$\sin\left(\dfrac{\pi}{12}\right)$　　(b)　$\cos\left(\dfrac{\pi}{12}\right)$　　(c)　$\sin\left(\dfrac{\pi}{24}\right)$　　(d)　$\cos\left(\dfrac{\pi}{24}\right)$

問題 4.3　次式を求めなさい。

$$\cos\left(\frac{\pi}{4}\right)\cdot\cos\left(\frac{\pi}{8}\right)\cdot\cos\left(\frac{\pi}{16}\right)\cdots\cdots\cos\left(\frac{\pi}{2^n}\right)\cdot\sin\left(\frac{\pi}{2^n}\right)$$

問題 4.4　次の複素数を極座標形式にしなさい。

(a)　$\sqrt{-1}$　　(b)　$\sqrt{i}$　　(c)　$\sqrt[3]{i}$

(d)　$2+2\sqrt{3}\cdot i$　　(e)　$-5+5\cdot i$

(f)　$\sqrt{2+2\sqrt{3}\cdot i}$　　(g)　$\sqrt[3]{-5+5\cdot i}$

問題 4.5　3 次元空間 (R^3) の点 (x_1, y_1, z_1) において，x 軸の周りを $\pi/4$ 回転し，さらに y 軸の周りを $\pi/3$ 回転した点 (x_2, y_2, z_2) の座標を求めよ。

第5章　各種複素関数および極・特異点

複素変数（Complex Variable）$z = x + i \cdot y$（x, y は実数変数）に関する具体的な**複素関数**（Complex Function）を取り上げ，それぞれの特徴などを示す。

(1)　複素数のべき乗（Power Function）

複素数のべき乗関数（Power Function）は $f(z) = z^m$ であり，**2 項定理**（Binomial Theory）を用いて，次式のようになる。

$$f(z) = z^m = (x + i \cdot y)^m = \sum_{k=0}^{m} {}_mC_k x^k \cdot (i \cdot y)^{m-k}$$

$$= x^m + i \cdot m \cdot x^{m-1} y - \frac{m(m-1)}{2} \cdot x^{m-2} y^2 + \cdots + (i \cdot y)^m = u(x, y) + i \cdot v(x, y)$$

一方，**極座標形式**（$x = r \cdot \cos(\theta + 2n\pi)$ および $y = r \cdot \sin(\theta + 2n\pi)$）で表すと次式のようになる。

$$f(z) = z^m = (x + i \cdot y)^m = \{r \cdot \cos(\theta + 2n\pi) + i \cdot r \cdot \sin(\theta + 2n\pi)\}^m$$

$$= \{r \cdot e^{i \cdot (\theta + 2n\pi)}\}^m = r^m \cdot \{\cos(m\theta + 2m \cdot n\pi) + i \cdot \sin(m\theta + 2m \cdot n\pi)\}$$

従って，$u(x, y) = r^m \cdot \cos(m\theta + 2m \cdot n\pi)$，$v(x, y) = r^m \cdot \sin(m\theta + 2m \cdot n\pi)$ である。

(2)　複素数のべき乗根（Root Function）

複素数のべき乗根関数（**多価関数**）は $f(z) = z^{1/m} = \sqrt[m]{z}$ であり，**極座標形式**で表すと次式のようになる。

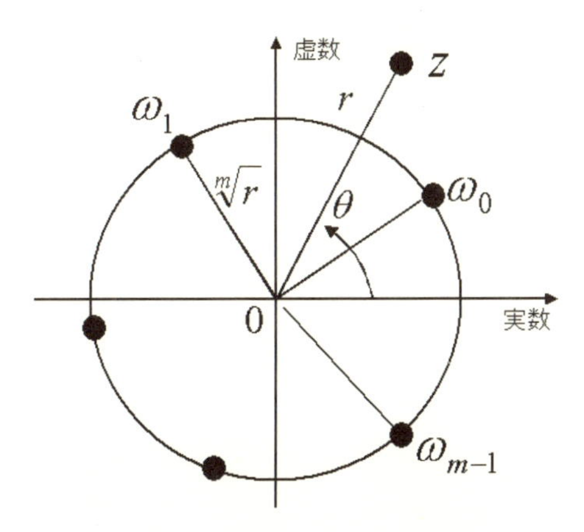

図 5.1　$f(z) = z^{1/m} = \sqrt[m]{z} = \omega_n$ の複素平面

$$f(z)=z^{\frac{1}{m}}=\sqrt[m]{z}=\{r\cdot\cos(\theta+2n\pi)+i\cdot r\cdot\sin(\theta+2n\pi)\}^{\frac{1}{m}}$$
$$=\{r\cdot e^{i\cdot(\theta+2n\pi)}\}^{\frac{1}{m}}=r^{1/m}\cdot e^{i\cdot\frac{\theta+2n\pi}{m}}$$
$$=r^{\frac{1}{m}}\cdot\left\{\cos\left(\frac{\theta+2n\pi}{m}\right)+i\cdot\sin\left(\frac{\theta+2n\pi}{m}\right)\right\}=\omega_n \qquad (n=0,1,2,\cdots,m-1)$$

すなわち，複素関数$f(z)=z^{1/m}=\sqrt[m]{z}$は，図 5.1 に示すように，m個の複素関数$f(z)=\omega_n$（$n=0,1,2,\cdots,m-1$）として表される。

(3) 双曲線関数（Hyperbolic Function）

双曲線関数とは次式で表される**実数関数**（一部）である。

$$\cosh(x)=\frac{e^x+e^{-x}}{2}=1+\frac{x^2}{2!}+\frac{x^4}{4!}+\frac{x^6}{6!}+\cdots+\frac{x^{2n}}{(2n)!}+\cdots=\sum_{n=0}^{\infty}\frac{x^{2n}}{(2n)!}$$
$$\sinh(x)=\frac{e^x-e^{-x}}{2}=x+\frac{x^3}{3!}+\frac{x^5}{5!}+\frac{x^7}{7!}+\cdots+\frac{x^{2n+1}}{(2n+1)!}+\cdots=\sum_{n=0}^{\infty}\frac{x^{2n+1}}{(2n+1)!}$$
$$\tanh(x)=\frac{\sinh(x)}{\cosh(x)}=\frac{e^x-e^{-x}}{e^x+e^{-x}}$$

これから，以下の関係を得る。

$$\{\cosh(x)\}^2-\{\sinh(x)\}^2=1$$
$$\cosh(x)\cdot\cosh(y)=\frac{e^x+e^{-x}}{2}\cdot\frac{e^y+e^{-y}}{2}=\frac{e^{x+y}+e^{x-y}+e^{-x+y}+e^{-x-y}}{4}$$
$$=\frac{1}{2}\left\{\frac{e^{x+y}+e^{-(x+y)}}{2}+\frac{e^{x-y}+e^{-(x-y)}}{2}\right\}=\frac{1}{2}\{\cosh(x+y)+\cosh(x-y)\}$$
$$\sinh(x)\cdot\sinh(y)=\frac{e^x-e^{-x}}{2}\cdot\frac{e^y-e^{-y}}{2}=\frac{e^{x+y}-e^{x-y}-e^{-x+y}+e^{-x-y}}{4}$$
$$=\frac{1}{2}\left\{\frac{e^{x+y}+e^{-(x+y)}}{2}-\frac{e^{x-y}+e^{-(x-y)}}{2}\right\}=\frac{1}{2}\{\cosh(x+y)-\cosh(x-y)\}$$
$$\cosh(x)\cdot\sinh(y)=\frac{e^x+e^{-x}}{2}\cdot\frac{e^y-e^{-y}}{2}=\frac{e^{x+y}-e^{x-y}+e^{-x+y}-e^{-x-y}}{4}$$
$$=\frac{1}{2}\left\{\frac{e^{x+y}-e^{-(x+y)}}{2}-\frac{e^{x-y}-e^{-(x-y)}}{2}\right\}=\frac{1}{2}\{\sinh(x+y)-\sinh(x-y)\}$$
$$\sinh(x)\cdot\cosh(y)=\frac{e^x-e^{-x}}{2}\cdot\frac{e^y+e^{-y}}{2}=\frac{e^{x+y}+e^{x-y}-e^{-x+y}-e^{-x-y}}{4}$$

$$=\frac{1}{2}\left\{\frac{e^{x+y}-e^{-(x+y)}}{2}+\frac{e^{x-y}-e^{-(x-y)}}{2}\right\}=\frac{1}{2}\{\sinh(x+y)-\sinh(x-y)\}$$

これらから，さらに次の関係式を得る。

$$\cosh(x+y)=\cosh(x)\cdot\cosh(y)+\sinh(x)\cdot\sinh(y)$$
$$\cosh(x-y)=\cosh(x)\cdot\cosh(y)-\sinh(x)\cdot\sinh(y)$$
$$\sinh(x+y)=\cosh(x)\cdot\sinh(y)+\sinh(x)\cdot\cosh(y)$$
$$\sinh(x-y)=\cosh(x)\cdot\sinh(y)-\sinh(x)\cdot\cosh(y)$$

また，$x=i\cdot\theta$（**純虚数**（Purely Imaginary Number））の場合，**双曲線関数**は以下のようになる。

$$\cosh(i\cdot\theta)=\frac{e^{i\cdot\theta}+e^{-i\cdot\theta}}{2}=\cos\theta$$
$$\sinh(i\cdot\theta)=\frac{e^{i\cdot\theta}-e^{-i\cdot\theta}}{2}=i\cdot\frac{e^{i\cdot\theta}-e^{-i\cdot\theta}}{2\cdot i}=i\cdot\sin\theta$$

一方，三角関数においては，同様に以下のようになる。

$$\cos(i\cdot\theta)=\frac{e^{i\cdot(i\cdot\theta)}+e^{-i\cdot(i\cdot\theta)}}{2}=\frac{e^{-\theta}+e^{\theta}}{2}=\cosh\theta$$
$$\sin(i\cdot\theta)=\frac{e^{i\cdot(i\cdot\theta)}-e^{-i\cdot(i\cdot\theta)}}{2\cdot i}=-i\cdot\frac{e^{-\theta}-e^{\theta}}{2}=i\cdot\sinh\theta$$

すなわち，三角関数と双曲関数は虚数によって関係付けられていることがわかる。さらに，双曲線関数および三角関数において，複素数$x=a+i\cdot b$の場合，上式の関係を利用して，以下のようになる。

$$\begin{aligned}\cosh(a+i\cdot b)&=\cosh(a)\cdot\cosh(i\cdot b)+\sinh(a)\cdot\sinh(i\cdot b)\\&=\cosh(a)\cdot\cos(b)+i\cdot\sinh(a)\cdot\sin(b)\end{aligned}$$
$$\begin{aligned}\sinh(a+i\cdot b)&=\cosh(a)\cdot\sinh(i\cdot b)+\sinh(a)\cdot\cosh(i\cdot b)\\&=i\cdot\cosh(a)\cdot\sin(b)+\sinh(a)\cdot\cos(b)\end{aligned}$$
$$\begin{aligned}\cos(a+i\cdot b)&=\cos(a)\cdot\cos(i\cdot b)-\sin(a)\cdot\sin(i\cdot b)\\&=\cos(a)\cdot\cosh(b)-i\cdot\sin(a)\cdot\sinh(b)\end{aligned}$$
$$\begin{aligned}\sin(a+i\cdot b)&=\cos(a)\cdot\sin(i\cdot b)+\sin(a)\cdot\cos(i\cdot b)\\&=i\cdot\cos(a)\cdot\sinh(b)+\sin(a)\cdot\cosh(b)\end{aligned}$$

(4)　対数関数（Logarithm Function）

複素変数$z=x+i\cdot y$を用いた**対数関数**とは$\log z$である。複素変数zを**極座標**

形式で表すと以下のようになる。

$$\log(x+i\cdot y)=\log(r\cdot e^{i\cdot\theta})=\log r+\log\{e^{i\cdot(\theta+2n\pi)}\}=\log r+i\cdot(\theta+2n\pi)$$

すなわち，実数の範囲では$\log(-1)$が求められなかったが，複素数の範囲まで拡大することによって以下のようになる。

$$\log(-1)=\log(e^{i\cdot(2n+1)\pi})=i\cdot(2n+1)\pi$$

(5)　極（Pole）

複素関数$f(z)$が$z=\alpha$以外で**正則**であり，$f(z)$，$(z-\alpha)f(z)$，$(z-\alpha)^2f(z)$，・・・，$(z-\alpha)^{k-1}f(z)$が$z\to\alpha$において**無限大**となるとともに，$(z-\alpha)^kf(z)$が有限の値をもつとき$f(z)$は$z=\alpha$でk位の**極**（Pole）をもつという。すなわち，**複素関数**$f(z)$は次式で表される。

$$f(z)=\frac{A_1}{z-\alpha}+\frac{A_2}{(z-\alpha)^2}+\frac{A_3}{(z-\alpha)^3}+\cdots+\frac{A_k}{(z-\alpha)^k}+g(z)$$

ここで，$g(z)$は$z=\alpha$を含めて正則関数である。

(6)　特異点（Singular Point）

複素関数$f(z)$において，$\lim_{z\to\alpha}(z-\alpha)^kf(z)$が有限値を有する$k\,(>0)$が存在しないとき，$z=\alpha$を$f(z)$の**真性特異点**という。例えば，$k=0$において，

$f(z)=e^{\frac{1}{z}}=r\cdot e^{i\cdot\theta}=\beta$とおくと，$\log\beta=\dfrac{1}{z}$となり，さらに

$$z=\frac{1}{\log\beta}=\frac{1}{\log(r\cdot e^{i\cdot\theta})}=\frac{1}{\log r+i\cdot(\theta+2n\pi)}$$

となる。すなわち，$n\to\infty$とすると$f(z)=\beta$を保ちながら$z\to 0$となる。これは，$f(z)=e^{\frac{1}{z}}$の真性特異点が$z=0$であり，このとき$f(z)=e^{\frac{1}{z}}=\beta$の有限値をとることを意味する。

(7)　分岐点（Branch Point）

複素関数$f(z)$が$f(z)=\sqrt[m]{z}$（**多価関数**（Multi-Valued Function））である場合，$f(z)$はm個の値ω_n　$(n=0,1,2,\cdots,m-1)$をとり，$z=r\cdot e^{i\cdot\theta}$　$(=r\cdot e^{i\cdot(\theta+2n\pi)})$に

おいて，次式となる。

$$\omega_n = \sqrt[m]{r} \cdot \left\{ \cos\left(\frac{\theta + 2n\pi}{m}\right) + i \cdot \sin\left(\frac{\theta + 2n\pi}{m}\right) \right\} \qquad (n = 0, 1, 2, \cdots, m-1)$$

複素平面上の点zが$\theta = 0$（**分岐点**）を正方向に一周すれば（θが0から2π），図 5.2 に示すように，次の**複素平面**に移る。この一つの複素平面を**リーマン面**（Riemann Plane）という。このリーマン面はm面あり，$m = n$で$n = 0$のリーマン面に戻る。この場合のリーマン面は$\theta = 0$（x軸の正方向）で切断され，連結している。

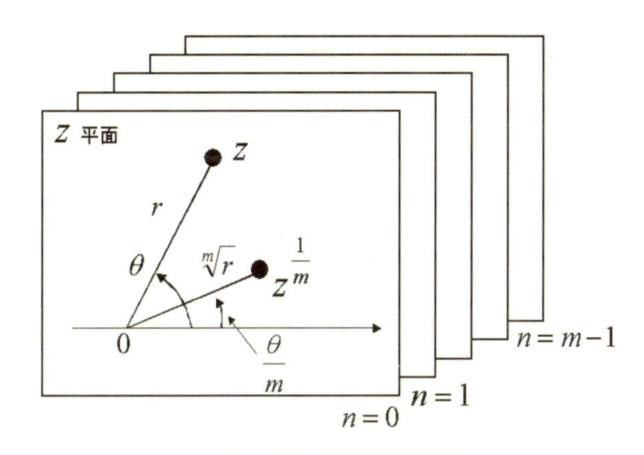

図 5.2　$f(z) = z^{1/m} = \sqrt[m]{z}$ の複素平面（リーマン面）

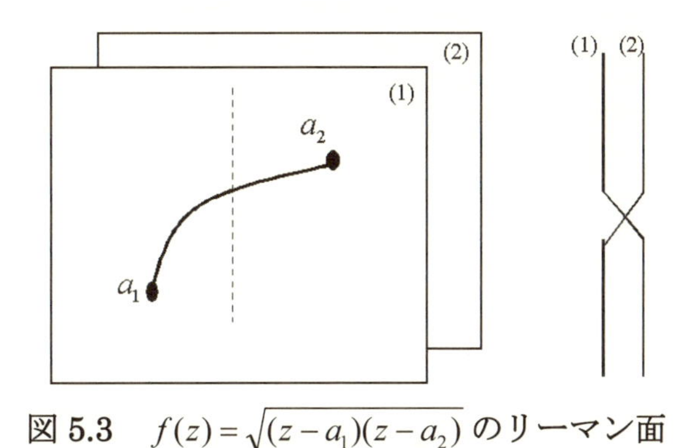

図 5.3　$f(z) = \sqrt{(z-a_1)(z-a_2)}$ **のリーマン面**

また，複素関数$f(z) = \sqrt{(z-a_1)(z-a_2)}$のリーマン面は，図 5.3 に示すように 2 枚であり，2 つの複素数a_1からa_2に沿って切断されて連結している。すなわち，2つの複素数$a_1=\alpha_1+i\cdot\beta_1$から$a_2=\alpha_2+i\cdot\beta_2$における複素関数$f(z)=\sqrt{(z-a_1)(z-a_2)}$は次式となる。

$$f(z)=\sqrt{(z-a_1)(z-a_2)}=\sqrt{(x+i\cdot y-\alpha_1-i\cdot\beta_1)(x+i\cdot y-\alpha_2-i\cdot\beta_2)}$$
$$=\sqrt{(x-\alpha_1)(x-\alpha_2)-(y-\beta_1)(y-\beta_2)+i\cdot\{(x-\alpha_1)(y-\beta_2)+(x-\alpha_2)(y-\beta_1)\}}$$

2つの複素数a_1からa_2に沿う曲線上の複素関数$f(z)=u(x,y)+i\cdot v(x,y)$で表される。

練習問題

問題5.1　$x^n=1$（nは自然数）のn個の解を求めなさい。

問題5.2　次の値を求めなさい。

(a)　$\log(i)$　　(b)　$\log(-i)$　　(c)　$\log\left(\frac{1}{2}+i\cdot\frac{\sqrt{3}}{2}\right)$

問題5.3　e^γ（γは複素数）が次式で与えられている。

$$e^\gamma=1+\frac{z}{2}+\sqrt{\left(\frac{z}{2}\right)^2+z}$$

ここで，zは複素数である。このとき，次式をzで表しなさい。

(a)　$e^{-\gamma}$　　(b)　$\cosh(\gamma)$　　(c)　$\sinh(\gamma)$　　(d)　$\sinh\left(\frac{\gamma}{2}\right)$

問題5.4　次に示す複素関数$f(z)$の極を求めなさい。

(a)　$f(z)=\frac{1}{z^2+z+5}$　　(b)　$f(z)=\frac{z+1}{z^2+2z+2}$

(c)　$f(z)=\frac{2}{(z+a)(z+b)}$　　(d)　$f(z)=\frac{2z+10}{z(z^2+2z+5)}$

(e)　$f(z)=\frac{4}{z^3+a^2}$　　(f)　$f(z)=\frac{1}{(z+a)^n}$

問題5.5　次に示す複素関数$f(z)$のリーマン面を示しなさい。

(a)　$f(z)=\sqrt{z-a}$　　(b)　$f(z)=\sqrt[n]{z-a}$　　(c)　$f(z)=\sqrt[n]{(z-a_1)(z-a_2)}$

第6章　複素関数の積分

(1)　線積分（Line Integral）

図6.1左に示すように，複素平面上の点(x_1, y_1)から点(x_2, y_2)に至る曲線Cの方程式を$y = g(x)$とおき，$\int_{x_1}^{x_2} u(x, g(x))\,dx$を曲線$C$に沿う関数$u(x, y)$において，$x$に関する**線積分**といい$\int_C u(x, y)\,dx$と表記する。また，図6.1右に示すように，二つの実数関数$u(x, y)$および$v(x, y)$が閉曲線C上および内部領域Dで一価連続な**微分係数**（**導関数**）をもつならば（**正則**），次式となる。

$$\int_C \{u(x, y)\,dx + v(x, y)\,dy\} = \iint_D \left\{\frac{\partial}{\partial x} v(x, y) - \frac{\partial}{\partial y} u(x, y)\right\} dxdy$$

ここで，左辺の積分は閉曲線C上を，領域Dを左に見ながら一周する積分であり，上式を**Green の定理**という。

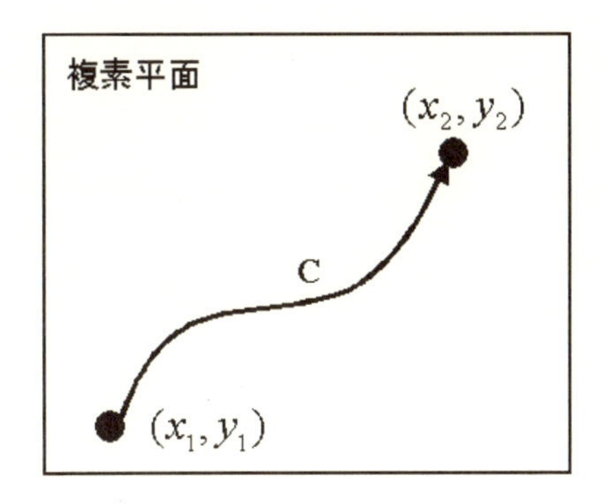

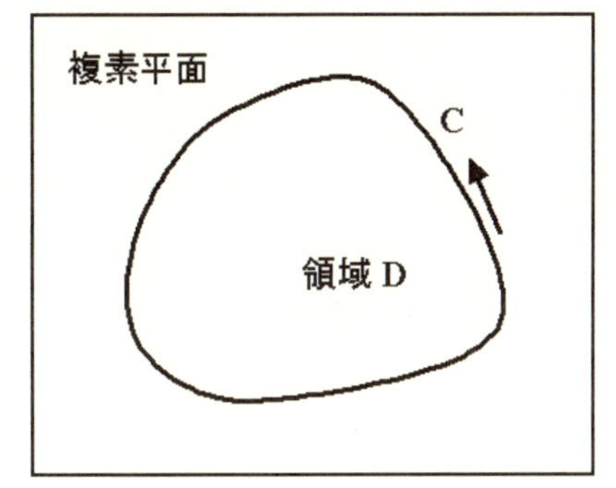

図6.1　閉曲線C上での線積分

例えば，図6.2の積分路について，線積分を行えば次式となる。

$$\int_C \{(x^2 - xy^3)dx + (y^2 - 2xy)dy\}$$
$$= \int_0^2 x^2 dx + \int_0^2 (y^2 - 4y)dy + \int_2^0 (x^2 - 8x)dx + \int_2^0 y^2 dy$$

$$=\left[\frac{x^3}{3}\right]_0^2+\left[\frac{y^3}{3}-2y^2\right]_0^2-\left[\frac{x^3}{3}-4x^2\right]_0^2-\left[\frac{y^3}{3}\right]_0^2$$

$$=\frac{8}{3}+\left(\frac{8}{3}-8\right)-\left(\frac{8}{3}-16\right)-\left(\frac{8}{3}\right)=8$$

一方，Green の定理を利用して複素積分を行うと次式となる。

$$\int_C \{(x^2-xy^3)dx+(y^2-2xy)dy\}=\int_0^2\int_0^2\{-2y+3xy^2\}dxdy$$

$$=\int_0^2\{-4y+3\cdot\frac{4}{2}y^2\}dy=-4\frac{4}{2}+3\cdot 2\cdot\frac{8}{3}=8$$

共に 8 となり等しくなる。図 6.3 の積分路については，Green の定理を利用することが困難であるため，次の線積分を行うと次式となる。

$$\int_C \{(xy+y^2)dx+(x^2)dy\}$$

$$=\int_{C_1}\left\{(xy+y^2)+(x^2)\cdot\frac{dy}{dx}\right\}dx+\int_{C_2}\left\{(xy+y^2)+(x^2)\cdot\frac{dy}{dx}\right\}dx$$

$$=\int_0^1\{(x\cdot x^2+x^4)+(x^2)\cdot 2x\}dx-\int_0^1\{(x\cdot x+x^2)dx+(x^2)\cdot 1\}dx$$

$$=\frac{3}{4}+\frac{1}{5}-\frac{3}{3}=\frac{15+4-20}{20}=-\frac{1}{20}$$

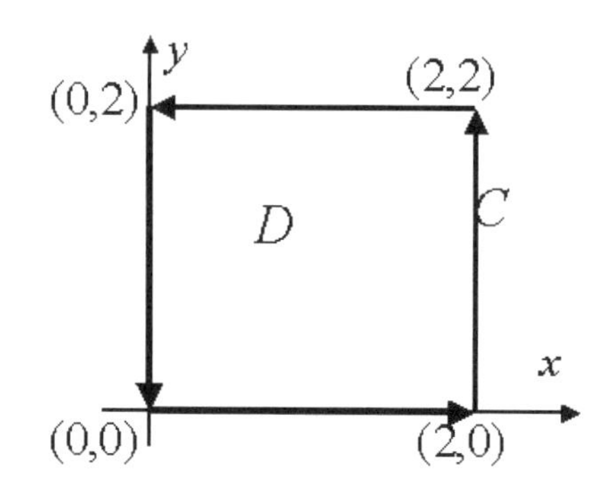

図 6.2　積分路 1

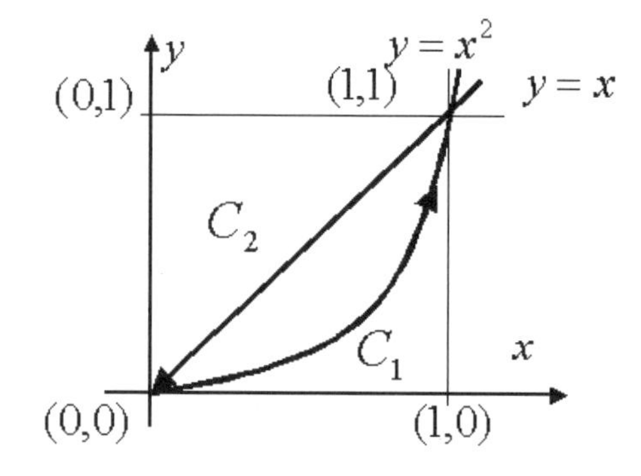

図 6.3　積分路 2

(2)　コーシーの定理（Cauchy's Theorem）

複素変数 $z=x+i\cdot y$ において，**複素関数** $f(z)=u(x,y)+i\cdot v(x,y)$ の閉曲線 C 上の線積分は以下のようになる。

$$\int_C f(z)dz = \int_C \{u(x,y) + i\cdot v(x,y)\}(dx + i\cdot dy)$$
$$= \int_C \{u(x,y)dx - v(x,y)dy\} + i\cdot\int_C \{u(x,y)dy + v(x,y)dx\}$$

前項および後項は，領域D内が正則であれば，第 3 章の正則条件からそれぞれ次式となる。

$$\iint_D \left\{\frac{\partial}{\partial y}u(x,y) + \frac{\partial}{\partial x}v(x,y)\right\} dxdy = 0$$
$$\iint_D \left\{\frac{\partial}{\partial x}u(x,y) - \frac{\partial}{\partial y}v(x,y)\right\} dxdy = 0$$

従って，図 6.1 に示す複素平面の閉曲線C内部の領域Dが正則であれば，線積分は$\int_C f(z)\,dz = 0$となる。これを**コーシーの定理**という。

例えば, 複素関数$f(z) = f(x,y) = (x + i\cdot y)^2$において, 図 6.4 に示す積分路$C_1$における線積分は以下のようになる。

$$I_1 = \int_{C_1} f(z)\,dz = \int_{OB} f(z)\,dz$$
$$= \int_0^1 (2t + i\cdot t)^2\cdot(2+i)\,dt \qquad y = t,\ x = 2t,\ dz = (2+i)dt$$
$$= \int_0^1 (3 + 4\cdot i)(2+i)t^2\,dx = (2 + 11\cdot i)\cdot\frac{1}{3} = \frac{2}{3} + \frac{11}{3}\cdot i$$

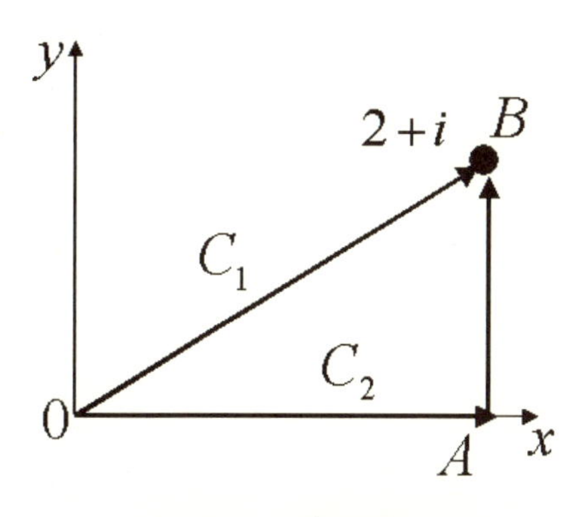

図 6.4　積分路 3

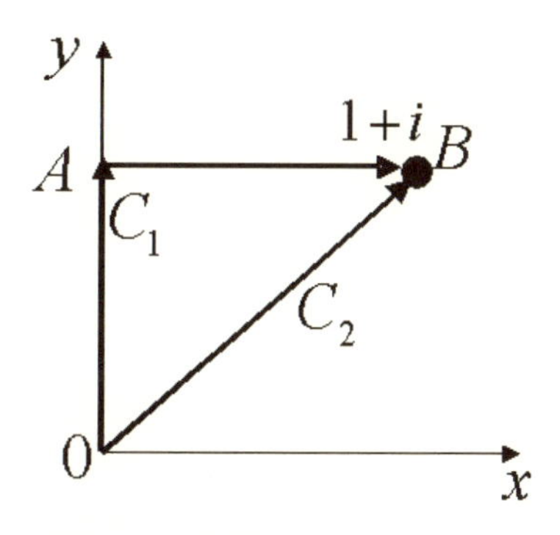

図 6.5　積分路 4

一方，積分路C_2における線積分は以下のようになる。

$$\int_{OA} f(z)\,dz = \int_0^2 x^2 dx = \frac{8}{3}$$

$$\int_{AB} f(z)\,dz = \int_0^1 (2+i\cdot t)^2 idt \qquad y=t,\ z=2+i\cdot t,\ dz=idt$$

$$= -\int_0^1 4t\,dt + i\cdot\int_0^1 (4-t^2)\,dt = -\frac{4}{2} + i\cdot\left(4-\frac{1}{3}\right) = -2 + i\cdot\frac{11}{3}$$

$$I_2 = \int_{C_2} f(z)\,dz = \int_{OA} f(z)\,dz + \int_{AB} f(z)\,dz = \frac{8}{3} - 2 + i\cdot\frac{11}{3} = \frac{2}{3} + i\cdot\frac{11}{3}$$

従って，$I_1 = I_2$となり，複素関数$f(z) = z^2$は正則である。

同様に，図 6.5 に示す積分路において，関数$f(z) = f(x,y) = y - x - i\cdot 3x^2$における積分は以下のようになる。

$$I_1 = \int_{OA} f(0,y)\,dz + \int_{AB} f(x,1)\,dz = i\cdot\int_0^1 y\,dy + \int_0^1 (1-x-i\cdot 3x^2)\,dx$$

$$= i\cdot\frac{1}{2} + \int_0^1 (1-x)\,dx - i\cdot\int_0^1 3x^2\,dx = i\cdot\frac{1}{2} + 1 - \frac{1}{2} - i\cdot 1 = \frac{1}{2} - i\cdot\frac{1}{2}$$

$$I_2 = \int_{AB} f(z)\,dz = \int_0^1 (t-t-i\cdot 3t^2)(1+i)dt$$

$$= 3(1-i)\cdot\int_0^1 t^2 dt = 1-i \qquad y=x=t,\ dz=(1+i)dt$$

従って，$I_1 \neq I_2$であり，$f(z) = f(x,y) = y - x - i\cdot 3x^2$は正則でない。

練習問題

問題 6.1　複素関数$f(t) = u(t) + i\cdot v(t)$において，次の積分を行いなさい。

(a)　$\int_0^1 (1+i\cdot t)^2 dt$　　(b)　$\int_0^1 (3t-i)^2 dt$

(c)　$\int_0^{\frac{\pi}{4}} e^{-i\cdot t} dt$　　(d)　$\int_0^{\frac{\pi}{4}} t\cdot e^{-i\cdot t} dt$

(e)　$\int_1^2 \left(\frac{1}{t} - i\right)^2 dt$　　(f)　$\int_0^{\frac{\pi}{6}} e^{i\cdot 2t} dt$

問題 6.2　複素関数$z(t) = e^{i\cdot t}$について，図 6.6 に示す積分路C_1およびC_2における次の積分を行いなさい。

(a) $I_1 = \int_{C_1} \bar{z}\, dz$ (b) $I_2 = \int_{C_2} \bar{z}\, dz$

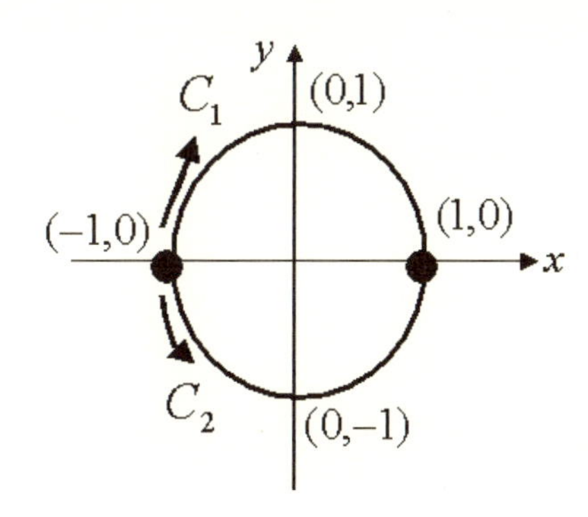

図 6.6 積分路 5

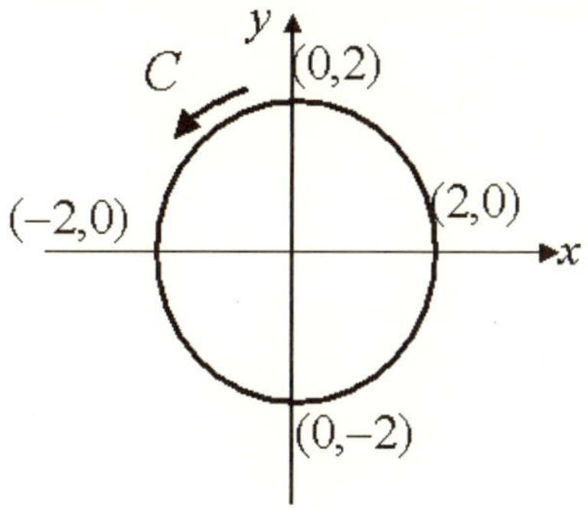

図 6.7 積分路 6

問題 6.3 図 6.7 に示す半径 2 の円の積分路Cについて，次の複素積分を行いなさい。

$$\int_C (y^3 dx - x^3 dy)$$

問題 6.4 図 6.8 に示す積分路Cについて，次の複素積分を行いなさい。

$$\int_C (xy\, dx - x^2 y^3\, dy)$$

問題 6.5 図 6.9 に示す積分路Cについて，Green の定理を利用して，次の複素積分を行いなさい。

(a) $\int_C \{(2y + \sqrt{1 + x^5})\, dx + (5x - e^{y^2})\, dy\}$

(b) $\int_C [\sqrt{x^2 + y^2} dx + y\{xy + \log_e(x + \sqrt{x^2 + y^2})\} dy]$

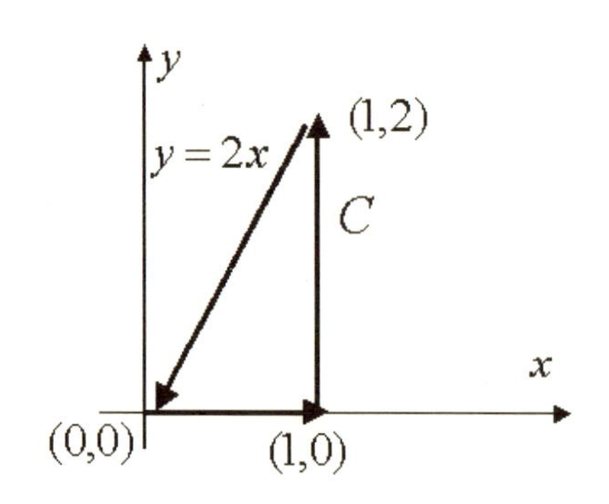

図 6.8　積分路 7

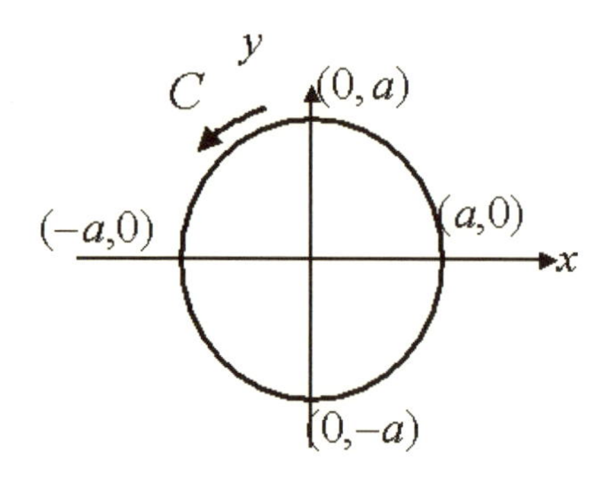

図 6.9　積分路 8

第7章　コーシーの積分公式

(1)　コーシーの積分公式（Cauchy's Integration Formula）

図7.1に示すように，複素平面に**極**αを含む閉曲線上の線積分（閉積分路）Cは以下のようになる。

$$\int_C \frac{f(z)}{z-\alpha}dz = \int_r \frac{f(z)}{z-\alpha}dz = \int_r \frac{f(z)-f(\alpha)}{z-\alpha}dz + f(\alpha)\cdot\int_r \frac{dz}{z-\alpha}$$

ここで，$|f(z)-f(\alpha)|<\varepsilon$，$z-\alpha=\rho\cdot e^{i\cdot\theta}$とおき，$dz=\rho\cdot e^{i\theta}i\,d\theta$，$|dz|=\rho\cdot d\theta$から上式第1項および第2項の積分はそれぞれ以下のようになる。

$$\left|\int_r \frac{f(z)-f(\alpha)}{z-\alpha}dz\right| \le \int_r \frac{|f(z)-f(\alpha)|}{|z-\alpha|}|dz| < \int_0^{2\pi} \frac{\varepsilon}{\rho}\cdot\rho\,d\theta = 2\pi\cdot\varepsilon$$

$$\int_r \frac{1}{z-\alpha}dz = \int_0^{2\pi} \frac{1}{\rho\cdot e^{i\cdot\theta}}\cdot\rho\cdot e^{i\cdot\theta}\,i\,d\theta = 2\pi\cdot i$$

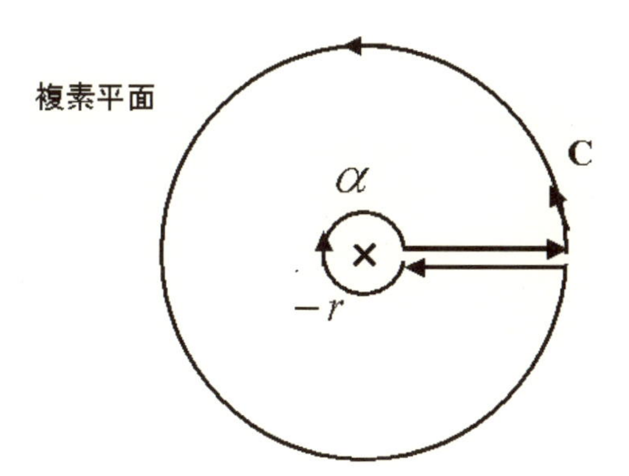

図7.1　複素平面上の積分路

従って，次の関係を得る。

$$\left|\int_C \frac{f(z)}{z-\alpha}dz - 2\pi\cdot i\cdot f(\alpha)\right| < 2\pi\cdot\varepsilon$$

ここで，εは任意の小さい値であるため，$\varepsilon\to 0$とすれば，次の**コーシーの積分公式**を得る。

$$f(\alpha)=\frac{1}{2\pi\cdot i}\int_C \frac{f(z)}{z-\alpha}dz$$

さらに，

$$f(\alpha+d\alpha)=\frac{1}{2\pi\cdot i}\int_C \frac{f(z)}{z-\alpha-d\alpha}dz$$

であるから，**微分係数**は以下となる。

$$\begin{aligned}f'(\alpha)&=\lim_{d\alpha\to 0}\frac{f(\alpha+d\alpha)-f(\alpha)}{d\alpha}\\&=\lim_{d\alpha\to 0}\frac{1}{2\pi\cdot i\cdot d\alpha}\int_C \left\{\frac{f(z)}{z-\alpha-d\alpha}-\frac{f(z)}{z-\alpha}\right\}dz\\&=\lim_{d\alpha\to 0}\frac{1}{2\pi\cdot i}\int_C \frac{f(z)}{(z-\alpha)(z-\alpha-d\alpha)}dz\\&=\frac{1}{2\pi\cdot i}\int_C \frac{f(z)}{(z-\alpha)^2}dz\end{aligned}$$

同様のことを繰り返すとn**階の微分係数**は次式となる。

$$f^{(n)}(\alpha)=\frac{n!}{2\pi\cdot i}\int_C \frac{f(z)}{(z-\alpha)^{n+1}}dz$$

(2)　留数（Residue）

複素関数$f(z)$が点αを**極**(Pole)とするとき，点αを中心として半径r $(<\rho)$の円C（閉積分路）を描き，ρを適当に小さくとれば円内には$f(z)$の**極**はαのみとなる。このとき，

$$\mathrm{Res}(\alpha)=\frac{1}{2\pi\cdot i}\int_C f(z)\,dz$$

となり，複素関数$f(z)$の$z=\alpha$における**留数**という。αが一位の**極**であれば，次式となる。

$$f(z)=\frac{A_{-1}}{z-\alpha}+A_0+A_1(z-\alpha)+A_1(z-\alpha)^2+\cdots=\frac{G(z)}{z-\alpha}$$

ここで，$G(z)=A_{-1}+A_0(z-\alpha)+A_1(z-\alpha)^2+A_1(z-\alpha)^3+\cdots$である。従って，$\mathrm{Res}(\alpha)$は以下のようになる。

$$\mathrm{Res}(\alpha)=\frac{1}{2\pi\cdot i}\int_{\mathrm{C}} f(z)\,dz=\frac{1}{2\pi\cdot i}\int_{\mathrm{C}} \frac{G(z)}{z-\alpha}dz=G(\alpha)=A_{-1}$$

次に，αがn位の**極**であれば，次式となる。

$$f(z)=\frac{A_{-n}}{(z-\alpha)^{n}}+\frac{A_{-n+1}}{(z-\alpha)^{n-1}}+\cdots$$
$$+A_0+A_1(z-\alpha)+A_1(z-\alpha)^2+\cdots=\frac{G(z)}{(z-\alpha)^{n}}$$

ここで，$G(z)=A_{-m}+A_{-m+1}\cdot(z-\alpha)+A_{-m+2}\cdot(z-\alpha)^2+A_{-m+3}\cdot(z-\alpha)^3+\cdots$ある。従って，$\mathrm{Res}(\alpha)$は以下のようになる。

$$\mathrm{Re}\,s(\alpha)=\frac{1}{2\pi\cdot i}\int_{\mathrm{C}} f(z)\,dz=\frac{1}{2\pi\cdot i}\int_{\mathrm{C}} \frac{G(z)}{(z-\alpha)^{n}}dz=\frac{G^{(n-1)}(\alpha)}{(n-1)!}=\frac{A_{-n}}{(n-1)!}$$

例えば，複素関数が$f(z)=\dfrac{1}{(z+a)(z+b)}$で与えられる場合，**極**は$-a$，$-b$の2つである。まず，閉積分路$C$内に**極**$-a$のみが存在する場合，複素関数$f(z)$の積分は以下のようになる。

$$\frac{1}{2\pi\cdot i}\int_{\mathrm{C}} f(z)\,dz=\frac{1}{2\pi\cdot i}\int_{\mathrm{C}} \frac{G_1(z)}{z+a}dz=\mathrm{Res}(-a)=\frac{1}{b-a}$$

ここで，$G_1(z)=\dfrac{1}{z+b}$である。また逆に閉積分路C内に**極**$-b$のみが存在する場合，同様に複素関数$f(z)$の積分は以下となる。

$$\frac{1}{2\pi\cdot i}\int_{\mathrm{C}} f(z)\,dz=\frac{1}{2\pi\cdot i}\int_{\mathrm{C}} \frac{G_2(z)}{z+b}dz=\mathrm{Res}(-b)=\frac{1}{a-b}$$

ここで，$G_2(z)=\dfrac{1}{z+a}$である。さらに，複素関数$f(z)$が閉積分路 C 内に$\alpha_1,\alpha_2,\cdots,\alpha_n$の極があるとすると，次式の**留数の和**となる。

$$\frac{1}{2\pi\cdot i}\int_{\mathrm{C}} f(z)\,dz=\mathrm{Res}(\alpha_1)+\mathrm{Res}(\alpha_2)+\mathrm{Res}(\alpha_3)+\cdots+\mathrm{Res}(\alpha_n)$$

例えば，複素関数 $f(z)=\dfrac{e^{c\cdot z}}{(z-a)(z-b)}$ は 2 つの**極** $\alpha_1=a$ および $\alpha_b=b$ をもつ。

閉積分路 C 内にこの 2 つの極が含まれる場合次式で求められる。

$$
\begin{aligned}
&\frac{1}{2\pi\cdot i}\int_{\mathrm{C}}\frac{e^{c\cdot z}}{(z-a)(z-b)}dz=\frac{1}{2\pi\cdot i}\int_{\mathrm{C}}\frac{1}{a-b}\left(\frac{1}{z-a}-\frac{1}{z-b}\right)\cdot e^{c\cdot z}\,dz\\
&=\frac{1}{2\pi\cdot i}\int_{\mathrm{C}}\frac{1}{a-b}\cdot\frac{1}{z-a}\cdot e^{c\cdot z}\,dz+\frac{1}{2\pi\cdot i}\int_{\mathrm{C}}\frac{1}{a-b}\cdot\frac{-1}{z-b}\cdot e^{c\cdot z}\,dz\\
&=\mathrm{Res}(a)+\mathrm{Res}(b)=\frac{1}{a-b}\cdot e^{c\cdot a}-\frac{1}{a-b}\cdot e^{c\cdot b}=\frac{e^{c\cdot a}-e^{c\cdot b}}{a-b}
\end{aligned}
$$

練習問題

問題 7.1　次に示す複素関数 $f(z)$ の**極**を求めなさい。そして，閉曲線路 C 内にどれか 1 つの**極**がある場合の複素関数 $f(z)$ の**留数**を求めなさい。

(a)　$f(z)=\dfrac{1}{z^2+z+5}$　　(b)　$f(z)=\dfrac{z+1}{z^2+2z+2}$

(c)　$f(z)=\dfrac{2}{(z+a)(z+b)}$　　(d)　$f(z)=\dfrac{2z+10}{z(z^2+2z+5)}$

(e)　$f(z)=\dfrac{4}{z^3+a^2}$　　(f)　$f(z)=\dfrac{1}{(z+a)^n}$

第８章　級数展開式

(1)　複素関数の級数展開（Series）

まず，$|z|<1$ の複素関数 $f_0(z)=\dfrac{1}{1-z}$ や $f_1(z)=\dfrac{1}{(1-z)^2}$ はそれぞれ次式のように級数展開できる。

$$f_0(z)=\frac{1}{1-z}=1+z+z^2+z^3+\cdots+z^{n-1}+\cdots=\sum_{n=1}^{\infty} z^{n-1}$$

$$f_1(z)=\frac{1}{(1-z)^2}=1+2z+3z^2+4z^3+\cdots+nz^{n-1}+\cdots=\sum_{n=1}^{\infty} nz^{n-1}$$

さらに進んで，次式の複素関数も級数展開できる。

$$f_2(z)=\frac{1+z}{(1-z)^3}=1+2^2z+3^2z^2+4^2z^3+\cdots+n^2z^{n-1}+\cdots$$

$$f_m(z)=\frac{1}{1-z}\sum_{k=1}^{m} (-1)^{k+1}\cdot{}_mC_k\cdot f_{m-k}(z)$$

$$=1+2^mz+3^mz^2+4^mz^3+\cdots+n^mz^{n-1}+\cdots=\sum_{k=1}^{\infty} k^mz^{k-1}$$

ここで，$f_m(z)$ は $f_{m-k}(z)$ $(k=1,2,\cdots,m)$ の漸化式で表されている。

(2)　複素関数のテーラー級数展開（Taylor's Series）

正則な複素関数 $f(z)$ の n 階微分は，第３章から次式である。

$$\frac{d^n}{dz^n}f(z)=\frac{\partial^n}{\partial x^n}u(x,y)+i\cdot\frac{\partial^n}{\partial y^n}v(x,y)$$

従って，複素定数を $\alpha=a+i\cdot b$ とすると，次式となる。

$$f^{(n)}(\alpha)=\lim_{z\to\alpha}\frac{d^n}{dz^n}f(z)$$

$$=\lim_{\substack{x\to a\\ y\to b}}\left\{\frac{\partial^n}{\partial x^n}u(x,y)+i\cdot\frac{\partial^n}{\partial y^n}v(x,y)\right\}=u^{(n)}(a,b)+i\cdot v^{(n)}(a,b)$$

これから，第４章で示した実数関数 $f(x)$ の**テーラー級数展開式**を複素関数 $f(z)$ に適応でき，次式となる。

$$f(z)=f(\alpha)+\frac{f'(\alpha)}{1!}\cdot(z-\alpha)^1+\frac{f''(\alpha)}{2!}\cdot(z-\alpha)^2+\cdots+\frac{f^{(n)}(\alpha)}{n!}\cdot(z-\alpha)^n+\cdots$$
$$=\sum_{n=0}^{\infty}\frac{f^{(n)}(\alpha)}{n!}\cdot(z-\alpha)^n=\sum_{n=0}^{\infty}\frac{u^{(n)}(a,b)+i\cdot v^{(n)}(a,b)}{n!}\cdot\{z-(a+i\cdot b)\}^n$$

(3)　コーシーの積分公式からテーラー級数展開式を導出

まず，複素変数 z と複素定数 α を入れ替えたコーシーの積分公式は次式である。

$$f(z)=\frac{1}{2\pi\cdot i}\int_{\mathrm{C}}\frac{f(\alpha)}{\alpha-z}d\alpha$$

ここで，β を複素定数とすると

$$\frac{1}{\alpha-z}=\frac{1}{(\alpha-\beta)-(z-\beta)}=\frac{1}{\alpha-\beta}\cdot\frac{1}{1-\dfrac{z-\beta}{\alpha-\beta}}$$
$$=\frac{1}{\alpha-\beta}\left\{1+\frac{z-\beta}{\alpha-\beta}+\left(\frac{z-\beta}{\alpha-\beta}\right)^2+\cdots+\left(\frac{z-\beta}{\alpha-\beta}\right)^n+\cdots\right\}$$
$$=\frac{1}{\alpha-\beta\cdot a}\sum_{n=0}^{\infty}\left(\frac{z-\beta}{\alpha-\beta}\right)^n$$

であり，上の積分公式は次式の級数展開となる。

$$f(z)=\frac{1}{2\pi\cdot i}\sum_{n=0}^{\infty}(z-\beta)^n\cdot\int_{\mathrm{C}}\frac{f(\alpha)}{(\alpha-\beta)^{n+1}}d\alpha=\sum_{n=0}^{\infty}(z-\beta)^n\cdot\frac{f^{(n)}(\beta)}{n!}$$

すなわち，複素関数 $f(z)$ の**テーラー級数展開式（Taylor's Series）**となっている。なお，$\beta=0$ の場合，次の**マクローリン級数展開式**である。

$$f(z)=\sum_{n=0}^{\infty}z^n\cdot\frac{f^{(n)}(0)}{n!}$$

(4)　ローラン級数（Laurent Series）

図 8.1 に示すように，複素平面の点 z_0 を中心とする同心円の積分路 C_0（半径 R_0）および C_1（半径 R_1）について，複素関数 $f(z)$ が C_0 上，C_1 上，および C_1 と C_2 との間において正則であるとき，その間の任意点 z において複素関数 $f(z)$ は次の級数展開式となる。

$$f(z)=\sum_{n=0}^{\infty} a_n(z-z_0)^n+\sum_{n=1}^{\infty}\frac{b_n}{(z-z_0)^n} \qquad (R_0<|z-z_0|<R_1)$$

ここで，a_n および b_n は次式である。

$$a_n=\frac{1}{2\pi\cdot i}\int_{C_1}\frac{f(z)}{(z-z_0)^{n+1}}dz \qquad (n=0,1,2,\cdots)$$

$$b_n=\frac{1}{2\pi\cdot i}\int_{C_0}\frac{f(z)}{(z-z_0)^{-n+1}}dz \qquad (n=1,2,\cdots)$$

このような級数展開式を**ローラン級数展開式**という。

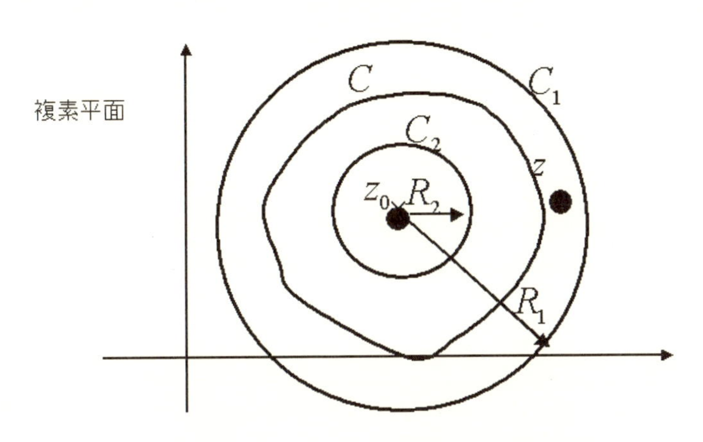

図 8.1　ローラン級数の積分路

練習問題

問題 8.1　次に示す複素関数 $f(z)$ を複素定数 β の周りでのテーラー級数展開式を示しなさい。

(a)　$f(z)=\dfrac{1}{(1+\beta-z)^2}$　　(b)　$f(z)=\dfrac{1}{\frac{1}{1+i}+\beta-z}$

(c)　$f(z)=\dfrac{2}{(1+\beta-z)^3}$　　(d)　$f(z)=\dfrac{2(z-\beta)}{(1+\beta-z)^3}$

問題 8.2　次に示す複素関数 $f(z)$ について，β（複素数）の周りでのテーラ一級数展開式を求めなさい。

(a)　$f(z)=z^3-10z+6$　　　(b)　$f(z)=z^4-2z^2+5z-1$

問題 8.3　次に示す複素関数$f(z)$について，マクローリン級数展開式を求めなさい。

(a)　$f(z)=e^z$　　　(b)　$f(z)=\sin(z)$

(c)　$f(z)=\sinh(z)$　　　(d)　$f(z)=\sin(2z)$

(e)　$f(z)=e^z+e^{-z}$　　　(f)　$f(z)=(1+z)^\alpha$　（$\alpha\neq 1$は実数）

第9章　ラプラス変換・逆変換

(1)　ラプラス変換（Laplace's Transform）の定義式

時刻t（$t \geq 0$）に関する**実数関数**$f(t)$の**ラプラス変換**は，次式で定義されている。

$$F(s) = \ell\{f(t)\} = \int_0^\infty f(t)\cdot e^{-s\cdot t}dt$$

ここで，sは上の積分が収束する任意の**複素数**である。また，$F(s)$は**複素関数**である。この**逆変換**は次の**複素積分**で与えられることになる。

$$f(t) = \ell^{-1}\{F(s)\} = \lim_{R\to\infty}\frac{1}{2\pi\cdot i}\int_C F(s)\cdot e^{s\cdot t}ds = \frac{1}{2\pi\cdot i}\int_{l-i\cdot\infty}^{l+i\cdot\infty} F(s)\cdot e^{s\cdot t}ds$$
$$= \sum_n \mathrm{Res}(p_n)$$

ここで，積分路Cは，図 9.1 に示すように，極をすべて含むような積分路となるように任意の実数lをとる。

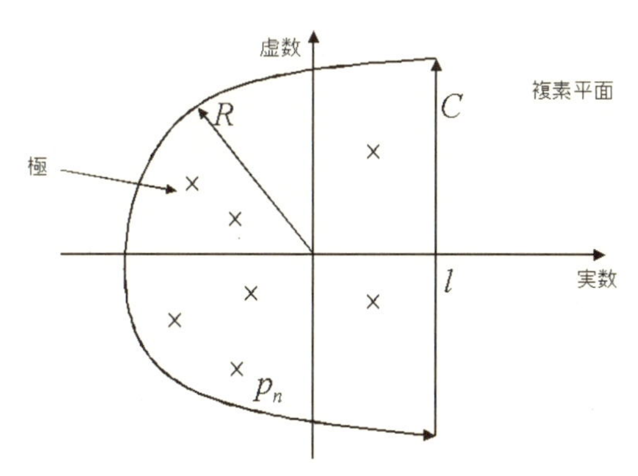

図 9.1　ラプラス逆変換の積分路

例えば，複素関数$F(s)$が 2 つの極を持つ関数$F(s) = \dfrac{G(s)}{(s-p_1)(s-p_2)}$である場合，この逆変換$f(t)$は次式となる。

$$f(t) = \ell^{-1}\{F(s)\} = \frac{1}{2\pi\cdot i}\int_C \frac{G(s)}{(s-p_1)(s-p_2)}\cdot e^{s\cdot t}ds$$

$$= \frac{G(p_1)}{p_1 - p_2} \cdot e^{p_1 t} + \frac{G(p_2)}{p_2 - p_1} \cdot e^{p_2 t} \qquad (= \mathrm{Res}(p_1) + \mathrm{Res}(p_2))$$

または，次式のように求めることもできる。

$$f(t) = \ell^{-1}\{F(s)\} = \frac{1}{2\pi \cdot i}\int_C \frac{G(s)}{(s-p_1)(s-p_2)} \cdot e^{s \cdot t} ds$$

$$= \frac{1}{p_1 - p_2}\left\{\frac{1}{2\pi \cdot i}\int_C \frac{G(s)}{s - p_1} \cdot e^{s \cdot t} ds - \frac{1}{2\pi \cdot i}\int_C \frac{G(s)}{s - p_2} \cdot e^{s \cdot t} ds\right\}$$

$$= \frac{1}{p_1 - p_2} \cdot \{G(p_1) \cdot e^{p_1 t} - G(p_2) \cdot e^{p_2 t}\}$$

以下に種々のラプラス変換について示す。

(2)　微分（Differential）のラプラス変換

微分のラプラス変換は以下のようになる。

$$\ell\left\{\frac{d}{dt} f(t)\right\} = \int_0^\infty \frac{d}{dt} f(t) \cdot e^{-s \cdot t} dt = [f(t) \cdot e^{-s \cdot t}]_0^\infty + s \cdot \int_0^\infty f(t) \cdot e^{-s \cdot t} dt$$

$$= -f(0) + s \cdot \ell\{f(t)\} = -f(0) + s \cdot F(s)$$

さらに，n 階微分のラプラス変換は以下のようになる。

$$\ell\left\{\frac{d^n}{dt^n} f(t)\right\} = \int_0^\infty \frac{d^n}{dt^n} f(t) \cdot e^{-s \cdot t} dt$$

$$= \left[\frac{d^{n-1}}{dt^{n-1}} f(t) \cdot e^{-s \cdot t}\right]_0^\infty + s \cdot \int_0^\infty \frac{d^{n-1}}{dt^{n-1}} f(t) \cdot e^{-s \cdot t} dt$$

$$= -f^{(n-1)}(0) + s \cdot \left[\frac{d^{n-2}}{dt^{n-2}} f(t) \cdot e^{-s \cdot t}\right]_0^\infty + s^2 \cdot \int_0^\infty \frac{d^{n-2}}{dt^{n-2}} f(t) \cdot e^{-s \cdot t} dt$$

$$= \cdots$$

$$= -f^{(n-1)}(0) - s \cdot f^{(n-2)}(0) - \cdots s^{n-1} \cdot f(0) + s^n \cdot \int_0^\infty f(t) \cdot e^{-s \cdot t} dt$$

$$= -f^{(n-1)}(0) - s \cdot f^{(n-2)}(0) - \cdots s^{n-1} \cdot f(0) + s^n \cdot F(s)$$

(3)　積分（Integral）のラプラス変換

積分のラプラス変換は以下のようになる。

$$\ell\{\int_0^t f(u)\, du\} = \int_0^\infty \{\int_0^t f(u)\, du\} \cdot e^{-s \cdot t} dt$$

$$=\left[-\frac{1}{s}\cdot\{\int_0^t f(u)\,du\}\cdot e^{-s\cdot t}\right]_0^\infty+\frac{1}{s}\cdot\int_0^\infty f(t)\cdot e^{-s\cdot t}dt=\frac{1}{s}\cdot F(s)$$

さらに，n乗積分のラプラス変換は以下のようになる。

$$\ell\{(\int_0^t du)^n f(u)\}=\frac{1}{s^n}\cdot F(s)$$

(4)　周期関数（Periodical）のラプラス変換

周期Tの関数は$f(t)=f_1(t_1+nT)=f_1(t_1)$である。このような周期関数のラプラス変換は以下のようになる。

$$\ell\{f(t)\}=\int_0^\infty f(t)\cdot e^{-s\cdot t}dt=\sum_{n=0}^{\infty} e^{-n\cdot s\cdot T}\cdot\int_0^T f_1(t_1)\cdot e^{-s\cdot t_1}dt_1$$

$$=\frac{1}{1-e^{-s\cdot T}}\cdot\int_0^\infty f_1(t_1)\cdot e^{-s\cdot t_1}dt_1=\frac{1}{1-e^{-s\cdot T}}\cdot F(s)$$

特に，sが**純虚数**の場合**フーリエ変換**（第10章へ）という。

(5)　たたみ込み積分（Convolution Integral）のラプラス変換

実数関数$f_1(t)$および$f_2(t)$のたたみ込み積分のラプラス変換は以下のようになる。

$$\int_0^\infty \{\int_0^\tau f_1(\tau)\cdot f_2(t-\tau)\,d\tau\}\cdot e^{-s\cdot t}dt=\int_0^\infty\int_0^\tau f_1(\tau)\cdot f_2(t-\tau)\cdot e^{-s\cdot t}d\tau\,dt$$

$$=\int_0^\infty\int_0^\infty f_1(x)\cdot f(y)\cdot e^{-s\cdot(x+y)}dx\,dy \qquad (t=x+y, x=\tau)$$

$$=\{\int_0^\infty f_1(x)\cdot e^{-s\cdot x}dx\}\cdot\{\int_0^\infty f_2(y)\cdot e^{-s\cdot y}dy\}=F_1(s)\cdot F_2(s)$$

すなわち，個々の関数$f_1(t)$および$f_2(t)$のラプラス変換の積となる。

(6)　最終値定理（極限定理）

ラプラス変換式$F(s)$が与えられていれば，逆変換を行わなくても関数$f(t)$の定常解（$t\to\infty$）を求めることができる。すなわち，次式である。

$$\lim_{s\to 0}s\cdot F(s)=\lim_{s\to 0}\int_0^\infty s\cdot f(t)\cdot e^{-s\cdot t}dt=-\lim_{s\to 0}\int_0^\infty f(t)\cdot\{\frac{d}{dt}e^{-s\cdot t}\}dt$$

$$=-\lim_{s\to 0}[f(t)\cdot e^{-s\cdot t}]_0^\infty+\lim_{s\to 0}\int_0^\infty f'(t)\cdot e^{-s\cdot t}dt$$

$$=f(0)+\int_0^\infty f'(t)dt=f(0)+\lim_{t\to\infty}f(t)-f(0)=\lim_{t\to\infty}f(t)$$

(7)　ラプラス変換の公式

以下に主な関数のラプラス変換を示す（詳細は付録1を参照）。

$$f(t)=a \quad \rightarrow \quad F(s)=\frac{a}{s}$$

$$f(t)=t^n \quad \rightarrow \quad F(s)=\frac{n!}{s^{n+1}}$$

$$f(t)=e^{a\cdot t} \quad \rightarrow \quad F(s)=\frac{1}{s-a}$$

$$f(t)=\cosh(at) \quad \rightarrow \quad F(s)=\frac{s}{s^2-a^2}$$

$$f(t)=\sinh(at) \quad \rightarrow \quad F(s)=\frac{a}{s^2-a^2}$$

$$f(t)=\cos(at) \quad \rightarrow \quad F(s)=\frac{s}{s^2+a^2}$$

$$f(t)=\sin(at) \quad \rightarrow \quad F(s)=\frac{a}{s^2+a^2}$$

なお，右式のラプラス変換の逆変換は左式となる。

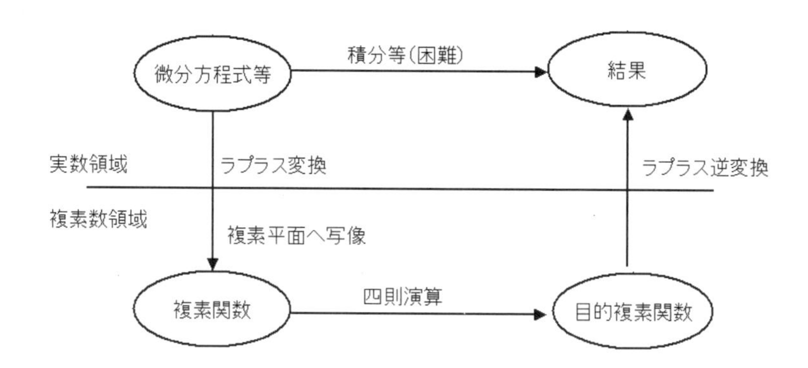

図 9.2　実数領域と複素数領域の関係

(8)　微分方程式（Differential Equation）の解法

微分方程式とは，連続な実数関数 $f(t)$ について，一般に次式に示す方程式をいう。

$$\frac{d^2}{dt^2}f(t)+a\cdot\frac{d}{dt}f(t)+b\cdot f(t)=E\cdot e^{c\cdot t}$$

実数領域の範囲内で，このような微分方程式を解くことは非常に困難である。そこで，本章で示すラプラス変換が登場する。すなわち，図 9.2 に示すように，実数領域において微分方程式を解く場合，積分を利用するが，この積分が困難である。しかし，ラプラス変換を利用して，複素数領域の関数（複素関数）に変換し（正式には複素平面への**写像**），積・和などによって目的とする複素関数$F(s)$が得られ，その逆変換を行うことによって目的とする実数関数$f(t)$が得られる。

この手順に従って，上式を解くと次のようになる。まず，ラプラス変換を行うと次式となる。

$$s^2 \cdot F(s) - s \cdot f(0) - f'(0) + a\{s \cdot F(s) - f(0)\} + bF(s) = \frac{E}{s-c}$$

ここで，初期条件$f(0)$および$f'(0)$を$f(0) = f'(0) = 0$とする。従って，次のラプラス変換式（複素関数）$F(s)$を得る。

$$F(s) = E \cdot \frac{1}{s-c} \cdot \frac{1}{s^2 + as + b} = E \cdot G(s) \cdot H(s)$$

このラプラス変換式は，$e^{c \cdot t}$のラプラス変換式$G(s)$と，微分方程式の右辺をゼロにした解$f(t)$のラプラス変換式$H(s)$の積である。まず，$H(s)$の逆変換式$h(t)$は次式である。

$$h(t) = \frac{1}{2\pi \cdot i} \int_{l - j \cdot \infty}^{l + j \cdot \infty} \frac{e^{s \cdot t}}{s^2 + as + b} ds = \frac{e^{x_1 t} - e^{x_2 t}}{x_1 - x_2}$$

ここで，x_1およびx_2は極である。従って，求める実数関数$f(t)$は次のたたみ込み積分で求まる。

$$\begin{aligned}
f(t) &= E \cdot \int_0^t e^{c \cdot (t - \tau)} \cdot \frac{e^{x_1 \tau} - e^{x_2 \tau}}{x_1 - x_2} d\tau = \frac{E}{x_1 - x_2} \cdot e^{c \cdot t} \cdot \int_0^t \{e^{(x_1 - c) \cdot \tau} - e^{(x_2 - c) \cdot \tau}\} d\tau \\
&= \frac{E}{x_1 - x_2} \cdot e^{c \cdot t} \cdot \left[\frac{1}{x_1 - c}\{e^{(x_1 - c) \cdot t} - 1\} - \frac{1}{x_2 - c}\{e^{(x_2 - c) \cdot t} - 1\} \right] \\
&= \frac{E}{x_1 - x_2} \left\{ \frac{e^{x_1 t}}{x_1 - c} - \frac{e^{x_2 t}}{x_2 - c} \right\} + E \cdot e^{c \cdot t}
\end{aligned}$$

このたたみ込み積分は，微分方程式を直接解くより容易である。なお，ここでは，微分方程式を取り上げたが，積分方程式についても同様に解くことができる（第 11 章へ）。

練習問題

問題 9.1　次の関数をラプラス変換しなさい。

(a) $f(t)=e^{-a\cdot t}$　　(b) $f(t)=t\cdot e^{-3\cdot t}$

(c) $f(t)=\sin(2t)\cdot\cos(2t)$　　(d) $f(t)=(t+1)^2$

(e) $f(t)=\cos(at)$　　(f) $f(t)=\cos(at)\cdot\cos(bt)$

(g) $f(t)=t\cdot\sin(at)$　　(h) $f(t)=t\cdot\cos(at)$

(i) $f(t)=t^3+5t-2$　　(j) $f(t)=at^n$

問題 9.2　次のラプラス変換式の逆変換を行いなさい。

(a) $F(s)=\dfrac{3}{s^2+2s+13}$　　(b) $F(s)=\dfrac{s+1}{s^2+2s+2}$

(c) $F(s)=\dfrac{2s}{s^2+2s+5}$　　(d) $F(s)=\dfrac{2s+3}{s^2+9}$

(e) $F(s)=\dfrac{4}{s^2+4s}$　　(f) $F(s)=\dfrac{s+7}{s^2+4s+8}$

問題 9.3　次の微分方程式を解きなさい。

(a) $\dfrac{d^2}{dt^2}f(t)-3\cdot\dfrac{d}{dt}f(t)-10\cdot f(t)=2 \qquad (f(0)=1, f'(0)=2)$

(b) $\dfrac{d^2}{dt^2}f(t)-3\cdot\dfrac{d}{dt}f(t)+2\cdot f(t)=0 \qquad (f(0)=1, f'(0)=0)$

(c) $\dfrac{d^2}{dt^2}f(t)-\dfrac{d}{dt}f(t)-2\cdot f(t)=e^{2\cdot t} \qquad (f(0)=1, f'(0)=1)$

(d) $\dfrac{d^2}{dt^2}f(t)-2\cdot\dfrac{d}{dt}f(t)-2\cdot f(t)=e^{-t} \qquad (f(0)=0, f'(0)=1)$

(e) $\dfrac{d^2}{dt^2}f(t)-2\cdot\dfrac{d}{dt}f(t)-2\cdot f(t)=e^{2\cdot t} \qquad (f(0)=1, f'(0)=1)$

(f) $\dfrac{d^2}{dt^2}f(t)-2\cdot\dfrac{d}{dt}f(t)+f(t)=t\cdot e^{-t} \qquad (f(0)=1, f'(0)=2)$

第 10 章　フーリエ変換・逆変換

(1)　フーリエ級数展開（Fourier Series）

図 10.1 に示す周期Tの信号$g(t)$（$=g(t+kT)$）は次のフーリエ級数展開で表されることはよく知られている。

$$g(t)=\sum_{m=0}^{\infty} A_m \cdot \cos(2m\pi\ f_0)+\sum_{m=1}^{\infty} B_m \cdot \sin(2m\pi\ f_0)=\sum_{n=-\infty}^{\infty} C_n \cdot e^{j\cdot 2n\pi\cdot f_0\cdot t}$$

ここで，A_m，B_m，C_nはそれぞれ次式である。

$$A_0=\frac{1}{T}\int_0^T g(t)\,dt$$

$$A_m=\frac{2}{T}\int_0^T g(t)\cdot\cos(2m\pi\ f_0 t)\,dt \qquad (m>0)$$

$$B_m=\frac{2}{T}\int_0^T g(t)\cdot\sin(2m\pi\ f_0 t)\,dt \qquad (m>0)$$

$$C_n=\frac{1}{T}\int_0^T g(t)\cdot e^{-j\cdot 2n\pi\cdot f_0 t}\,dt \qquad (\infty>n>-\infty)$$

ここで，$f_0=1/T$は基本周波数であり，$m\cdot f_0$および$n\cdot f_0$は高調波である。また，A_m，B_m，C_nの関係は次式である。

$$C_n=\frac{A_n-j\cdot B_n}{2} \qquad (n>0), \qquad C_0=A_0$$

$$C_n=\frac{A_{-n}+j\cdot B_{-n}}{2} \qquad (0>n)$$

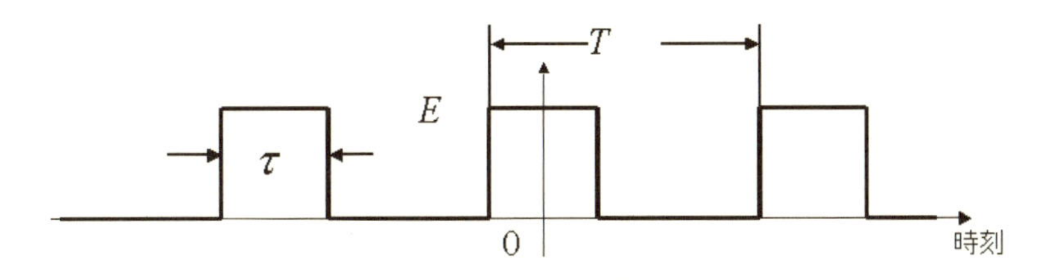

図 10.1　周期Tの矩形波

このように周期Tの信号$g(t)$は基本周波数f_0およびその**高調波**$n\cdot f_0$に分解できることが分かる。これは次式に示す**三角関数の直交性**による。

$$\int_0^{2\pi} \sin(m\theta)\cdot\sin(n\theta)d\theta = \int_0^{2\pi} \cos(m\theta)\cdot\cos(n\theta)d\theta = 0 \qquad (m \neq n)$$

$$\int_0^{2\pi} \sin(m\theta)\cdot\sin(n\theta)d\theta = \int_0^{2\pi} \cos(m\theta)\cdot\cos(n\theta)d\theta = \pi \qquad (m = n)$$

$$\int_0^{2\pi} \cos(m\theta)\cdot\sin(n\theta)d\theta = 0$$

そこで，図10.1に示す周期Tの矩形波について，A_m，B_m，C_nを求めると次式となる。

$$A_0 = \frac{1}{T}\int_{-\frac{\tau}{2}}^{\frac{\tau}{2}} E\,dt = \frac{\tau}{T}\cdot E$$

$$A_m = \frac{2}{T}\int_{-\frac{\tau}{2}}^{\frac{\tau}{2}} E\cdot\cos(2m\pi\ f_0 t)\,dt = \frac{2E}{T}\left[\frac{\sin(2m\pi\ f_0 t)}{2m\pi\ f_0}\right]_{-\frac{\tau}{2}}^{\frac{\tau}{2}}$$

$$= \frac{2E\cdot\sin\left(m\pi\frac{\tau}{T}\right)}{m\pi} = \frac{2E\tau}{T}\cdot\mathrm{sinc}\left(m\pi\frac{\tau}{T}\right)$$

$$B_m = 0$$

$$C_n = \frac{1}{T}\int_{-\frac{\tau}{2}}^{\frac{\tau}{2}} E\cdot e^{-j\cdot 2n\pi\cdot f_0 t}\,dt = \frac{E}{T}\left[\frac{e^{-j\cdot 2n\pi\cdot f_0 t}}{-j\cdot 2n\pi\ f_0}\right]_{-\frac{\tau}{2}}^{\frac{\tau}{2}}$$

$$= \frac{E\cdot\sin\left(n\pi\frac{\tau}{T}\right)}{n\pi} = \frac{E\tau}{T}\cdot\mathrm{sinc}\left(n\pi\frac{\tau}{T}\right)$$

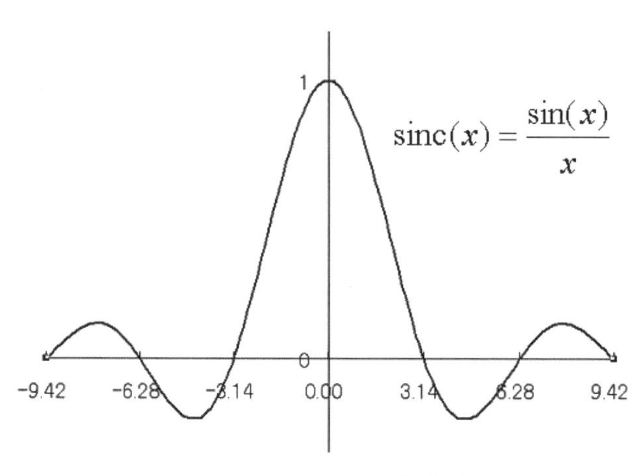

図10.2　sinc(x)のグラフ

ここで，$\dfrac{\tau}{T}$を**占有率**とよぶ。また，$\mathrm{sinc}(x)$は**標本化関数**（Sampling Function）であり，図 10.2 に示すグラフとなる。従って，フーリエ級数展開式は次式となる。

$$g(t)=\frac{\tau}{T}E+\frac{2E\tau}{T}\sum_{m=1}^{\infty}\mathrm{sinc}\left(m\pi\frac{\tau}{T}\right)\cdot\cos\left(2m\pi\frac{1}{T}\right)=\frac{E\tau}{T}\sum_{n=-\infty}^{\infty}\mathrm{sinc}\left(n\pi\frac{\tau}{T}\right)\cdot e^{j\cdot2\pi\cdot n\cdot f_0 t}$$

(2)　フーリエ変換（Fourier Transform）

図 10.1 に示す周期Tを無限大にすると**孤立波**（Isolated Wave）となり，次に示すフーリエ変換となる。

$$G(f)=\lim_{T\to\infty}T\cdot C_n=\int_{-\infty}^{\infty}g(t)\cdot e^{-j\cdot2\pi\cdot f\cdot t}dt$$

$$g(t)=\lim_{T\to\infty}\sum_{n=-\infty}^{\infty}C_n\cdot e^{j\cdot2\pi\cdot n\cdot f_0 t}=\lim_{T\to\infty}\sum_{n=-\infty}^{\infty}T\cdot C_n\cdot e^{j\cdot2\pi\cdot n\cdot f_0 t}\frac{1}{T}=\int_{-\infty}^{\infty}G(f)\cdot e^{j\cdot2\pi\cdot f\cdot t}\,df$$

ここで，$f=n\,f_0$および$df=1/T$である。そして，図 10.1 に示す矩形波の周期Tを無限大にした場合のフーリエ変換および逆変換は次式となる。

$$G(f)=\int_{-\frac{\tau}{2}}^{\frac{\tau}{2}}E\cdot e^{-j\cdot2\pi\cdot f\cdot t}dt=E\cdot\left[\frac{e^{-j\cdot2\pi f t}}{-j\cdot2\pi f}\right]_{-\frac{\tau}{2}}^{\frac{\tau}{2}}=E\tau\cdot\mathrm{sinc}(\pi f\tau)$$

$$g(t)=E\tau\cdot\int_{-\infty}^{\infty}\mathrm{sinc}(\pi f\tau)\cdot e^{j\cdot2\pi\cdot f\cdot t}\,df$$

従って，孤立波$g(t)$は周波数分布$G(f)$として表されることになる。

(3)　離散フーリエ変換（Discrete Fourier Transform）

コンピュータの進歩に伴い，離散データによるフーリエ変換・逆変換が行われるようになった。すなわち，連続信号$g(t)$を一定時間毎にサンプリングした時系列データ $x[n]$ $(n=0,1,2,\cdots)$において，離散フーリエ変換（DFT：Discrete Fourier Transform）は次式である。

$$X[k]=\sum_{n=0}^{N-1}x[n]\cdot e^{-j\cdot2\pi\cdot k\cdot\frac{n}{N}}$$

ここで，kは周波数に対応し，Nは変換データ長である。また，この逆変換式（Inverse DFT）は次式である。

$$x[n]=\frac{1}{N}\sum_{n=0}^{N-1} X[k]\cdot e^{j\cdot 2\pi\cdot k\cdot \frac{n}{N}}$$

さらに，$N=2^m$ のように選ぶことによって，コンピュータで高速に計算できるようになる。この方法を**高速フーリエ変換**(FFT: Fast Fourier Transform) という。

練習問題

問題 10.1　1 区間の波形が次式で与えられる場合のフーリエ級数展開式を求めなさい。

(a)　$g(t)=t \quad (0<t\le 2)$　　(b)　$g(t)=4-t^2 \quad (-2<t\le 2)$

(c)　$g(t)=\begin{cases}-1 & (-\pi<t\le 0)\\ 1 & (0<t\le \pi)\end{cases}$　　(d)　$g(t)=\begin{cases}1+t^2 & (0<t\le 1)\\ 3-t & (1<t\le 2)\end{cases}$

(e)　$g(t)=\begin{cases}0 & (-\pi<t\le 0)\\ 1 & (0<t\le \pi)\end{cases}$

問題 10.2　次に示す孤立波のフーリエ変換式を求めなさい。

(a)　$g(t)=\begin{cases}1 & \left(-\frac{1}{2}<t\le \frac{1}{2}\right)\\ 0 & (otherwise)\end{cases}$　　(b)　$g(t)=\begin{cases}e^{-t} & (0<t)\\ 0 & (t\le 0)\end{cases}$

問題 10.3　4つの離散データ $x[0]=2, x[1]=3, x[2]=-1, x[3]=1$ におけるDFTを求めなさい。

問題 10.4　4 つの離散データ $x[0]=1, x[1]=0, x[2]=0, x[3]=1$ における DFT を求めなさい。

問題 10.5　4 つの DFT $X[0]=5, X[1]=3-2\cdot j, X[2]=-3, X[3]=3+2\cdot j$ における逆 DFT を求めなさい。

第 11 章　過渡現象

過渡現象（Transient Phenomena）とは，例えば図 11.1 に示すように，スイッチ（SW）が入力されてから経過した時刻tでの抵抗やコンデンサまたはコイル等の両端電圧の変化をいう。

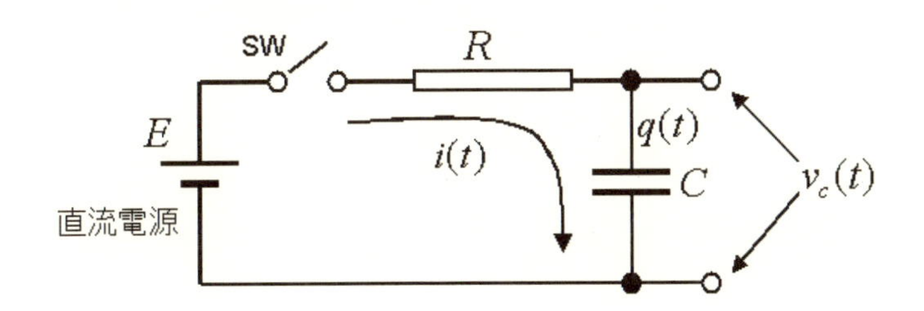

図 11.1　抵抗とコンデンサの直列回路の過渡現象

(1)　抵抗とコンデンサの直流回路の過渡現象

図 11.1 に示す抵抗RとコンデンサCの直列回路に直流電源Eを接続し，スイッチ（SW）を入力してから時刻t後のコンデンサの両端電圧を$v_C(t)$とすれば，これらの関係は以下のようになる。

$$E = R \cdot i_C(t) + \frac{q(t)}{C} = R \cdot i_C(t) + \frac{1}{C}\int_0^t i_C(x)\,dx, \quad v_C(t) = \frac{q(t)}{C} = \frac{1}{C}\int_0^t i_C(x)\,dx$$

ここで，$i_C(t)$は回路電流，$q(t)$はコンデンサに充電される電荷であり，

$i_C(t) = \dfrac{d}{dt}q(t)$である。また，初期条件は$q(0) = 0$である。上式をラプラス変換すると以下のようになる。

$$\frac{E}{s} = R \cdot I_C(s) + \frac{1}{C} \cdot \frac{I_C(s)}{s}, \qquad V_C(s) = \frac{1}{C} \cdot \frac{I_C(s)}{s}$$

ここで，$i_C(t)$および$v_C(t)$のラプラス変換を$I_C(s)$および$V_C(s)$とする。従って，$V_C(s)$は次式となる。

$$V_C(s) = \frac{1}{s \cdot C} \cdot I_C(s) = \frac{E}{s} \cdot \frac{1}{s \cdot CR + 1}$$

この逆変換を行うと，コンデンサの両端電圧$v_C(t)$は以下となる。

$$v_C(t)=\ell^{-1}\{V_C(s)\}=\frac{1}{2\pi\cdot j}\int_{l-j\cdot\infty}^{l+j\cdot\infty}E\cdot\left(\frac{1}{s}-\frac{1}{s+1/RC}\right)\cdot e^{s\cdot t}ds$$
$$=E\cdot\left\{\mathrm{Res}(0)-\mathrm{Res}\left(-\frac{1}{RC}\right)\right\}=E\cdot\left(1-e^{-\frac{1}{RC}\cdot t}\right)$$

そして，コンデンサの電荷$q(t)$および電流$i_C(t)$は次式となる。

$$q(t)=C\cdot v_C(t)=E\cdot C\cdot\left(1-e^{-\frac{1}{RC}\cdot t}\right),\qquad i_C(t)=\frac{d}{dt}q(t)=\frac{E}{R}\cdot e^{-\frac{1}{RC}\cdot t}$$

この電圧$v_C(t)$の変化は図 11.2(a)に示すようになる。また，抵抗Rの両端電圧$v_R(t)$の変化は図 11.2(b)に示すようになる。なお，図 11.2 に示すように，$v_C(t)$が電源電圧Eの約 63%（$v_R(t)$については約 37%）に達するまでの時間を**時定数**（Time Constant）（$\tau=CR$）という。

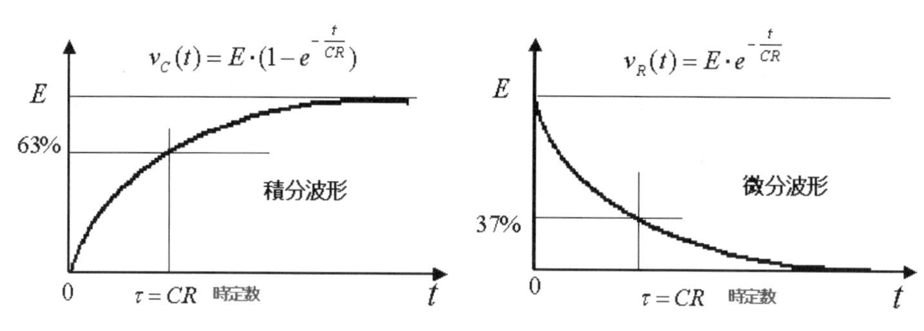

(a) コンデンサの両端電圧$v_c(t)$の変化　　(b) 抵抗の両端電圧$v_R(t)$の変化

図 11.2　コンデンサの両端電圧$v_c(t)$および抵抗の両端電圧$v_R(t)$の変化

(2)　交流電源の場合

図 11.1 に示す直流電源を交流電源$v_S(t)=E\cdot e^{j\omega\cdot t}$とした場合を考えてみよう。同様に，これらの関係は次式となる。

$$v_S(t)=E\cdot e^{j\omega\cdot t}=R\cdot i_C(t)+\frac{1}{C}\int_0^t i_C(x)\,dx$$

上式をラプラス変換すると以下のようになる。

$$\frac{E}{s-j\omega}=R\cdot I_C(s)+\frac{1}{C}\cdot\frac{I_C(s)}{s}$$

従って，$V_C(s)$は次式となる。

$$V_C(s)=\frac{1}{s\cdot C}\cdot I_C(s)=\frac{E}{CR}\cdot\frac{1}{s-j\omega}\cdot\frac{1}{s+1/CR}=\frac{E}{CR}\cdot A(s)\cdot B(s)$$

上式は 2 つのラプラス変換$A(s)$と$B(s)$の積となっているので，上式の逆変換は個々の逆変換の**たたみ込み積分**となる（第 9 章参照）。すなわち，$A(s)$と$B(s)$の逆変換はそれぞれ次式となる。

$$\ell^{-1}\{A(s)\}=e^{j\omega\cdot t}\,,\qquad\qquad \ell^{-1}\{B(s)\}=e^{-\frac{1}{RC}\cdot t}$$

従って，$V_C(s)$の逆変換は次式となる。

$$v_C(t)=\ell^{-1}\{V_C(s)\}=\frac{E}{CR}\cdot\int_0^t e^{j\omega\cdot x}\cdot e^{-\frac{1}{RC}\cdot(t-x)}dx=\frac{E}{CR}\cdot e^{-\frac{1}{RC}\cdot t}\cdot\int_0^t e^{\left(j\omega+\frac{1}{RC}\right)\cdot x}dx$$

$$=\frac{E}{CR}\cdot e^{-\frac{1}{RC}\cdot t}\cdot\left[\frac{1}{j\omega+1/RC}\cdot e^{\left(j\omega+\frac{1}{RC}\right)\cdot x}\right]_0^t=E\cdot\frac{1}{j\omega\cdot CR+1}\cdot\left(e^{j\omega\cdot t}-e^{-\frac{1}{RC}\cdot t}\right)$$

定常状態$t\to\infty$のとき，上式は以下となる。

$$v_C(\infty)=v_S(t)\cdot\frac{1}{j\omega\cdot CR+1}$$

ここで，$\frac{1}{j\omega C}$はコンデンサの交流抵抗（インピーダンス）である。

(3)　抵抗とコイルの直流回路の過渡現象

図 11.3 に示す抵抗RとコイルLの直列回路に直流電源Eを接続し，スイッチ（SW）を入力してから時刻t後のコイルの両端電圧を$v_L(t)$とすれば，これらの関係は以下のようになる。

$$E=R\cdot i_L(t)+L\cdot\frac{d}{dt}i_L(t)$$

ここで，$i_L(t)$は回路電流であり，初期条件は$i_L(0)=0$である。上式をラプラス変換すると以下のようになる。

$$\frac{E}{s} = R \cdot I_L(s) + L \cdot \{s \cdot I_L(s) - i(0)\} = R \cdot I_L(s) + L \cdot s \cdot I_L(s)$$

ここで，回路電流$i_L(t)$のラプラス変換を$I_L(s)$とすると$I_L(s)$は次式となる。

$$I_L(s) = \frac{E}{s} \cdot \frac{1}{L \cdot s + R} = \frac{E}{R} \cdot \left(\frac{1}{s} - \frac{1}{s + R/L} \right)$$

逆変換を行えば，回路電流$i_L(t)$は以下となる。

$$i_L(t) = \ell^{-1}\{I_L(s)\} = \frac{E}{R} \cdot \left(1 - e^{-\frac{R}{L} \cdot t} \right)$$

従って，コイルの両端電圧$v_L(t)$は次式となる。

$$v_L(t) = L \cdot \frac{d}{dt} i_L(t) = E \cdot e^{-\frac{R}{L} \cdot t}$$

なお，この回路の**時定数**（Time Constant）は$\tau = \frac{L}{R}$である。

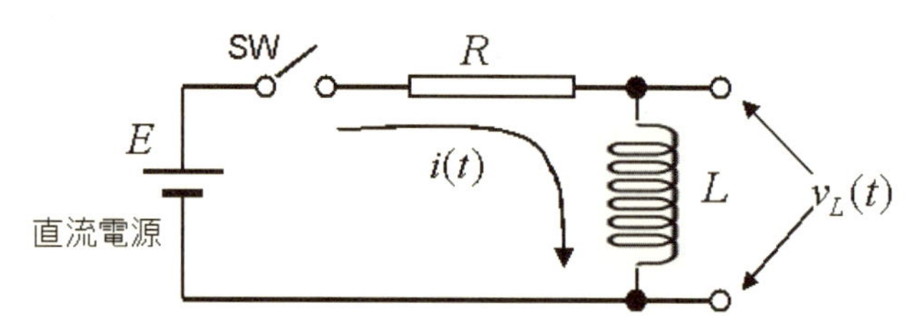

図 11.3　抵抗とコイルの直列回路の過渡現象

練習問題

問題 11.1　図 11.3 に示す直流電源を交流電源$v_S(t) = E \cdot e^{j\omega \cdot t}$とした場合のコイルの両端電圧を求めなさい。

問題 11.2　抵抗R，コイルL，コンデンサCの直列回路に直流電源Eを加えた過渡現象について，コンデンサの両端電圧を求めなさい。

問題 11.3　問題 11.2 において，直流電源の代わりに LC 共振周波数に等しい交流電源$v_S(t) = E \cdot e^{j\omega \cdot t}$を加え，$R = 2\sqrt{\frac{L}{C}}$の場合の過渡現象について，コンデンサの両端電圧を求めなさい。

第12章　システム解析

オーディオアンプは，微弱な入力信号を電力増幅してスピーカを鳴らす一つの電子システムである。このようなシステムを理論的にとらえる場合，δ関数信号（**インパルス**）に対するシステムの波形応答（**インパルス応答**（Impulse Response）または**伝達関数**（Transmission Function）という）を考えることによって，入力信号に対する出力信号を求めることができる。

(1)　インパルス応答（Impulse Response）

図12.1に示す電子システムに**インパルス**$\delta(t)$を入力したとき，その出力信号（**インパルス応答**）を$h(t)$（**伝達関数**ともいう）とする。そして，このシステムへの入力信号$f(t)$を**インパルス**$\delta(t)$の集合が入力されるとすると，その出力信号$g(t)$は次の**たたみ込み積分**で表される。

$$g(t)=\int_0^t f(\tau)\cdot h(t-\tau)\,d\tau$$

これを**ラプラス変換**および**フーリエ変換**すると，たたみ込み積分であるためそれぞれのラプラス変換およびフーリエ変換の積となり，次式となる。

$$G(s)=F(s)\cdot H(s),\qquad G(f)=F(f)\cdot H(f)$$

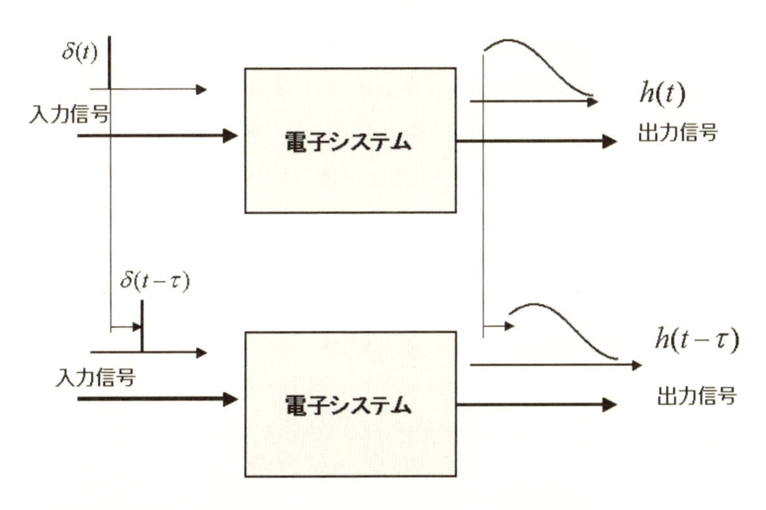

図12.1　電子システムのインパルス応答

ここで，$g(t)$，$f(t)$，$h(t)$のラプラス変換およびフーリエ変換をそれぞれ$G(s)$，$F(s)$，$H(s)$，$G(f)$，$F(f)$，$H(f)$である。なお，$H(s)$の一般式は次式のようになる。

$$H(s)=\frac{a_0+a_1\cdot s+a_2\cdot s^2+\cdots+b_n\cdot s^n}{1-b_1\cdot s-b_2\cdot s^2-\cdots-b_n\cdot s^n}$$

(2)　回路網理論（Circuit Network Theorem）

図 12.2 に示すような**カスケード型回路網**（伝送線路の等価回路）の特性等について示そう。まず，Z_0は特性インピーダンス，Z_1およびZ_2は回路インピーダンスである。このとき，入力側からみたインピーダンスZ_0は次式となる。

$$Z_0=Z_1+\frac{Z_2\cdot Z_0}{Z_2+Z_0}\qquad\rightarrow\qquad Z_0=\frac{Z_1}{2}\left(1+\sqrt{1+4\frac{Z_2}{Z_1}}\right)$$

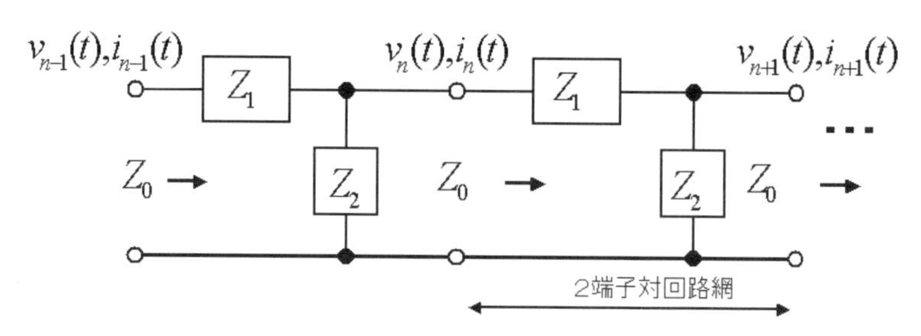

図 12.2　カスケード型回路網

また，次式が成立する。

$$v_n(t)=Z_1\cdot i_n(t)+v_{n+1}(t)=Z_1\cdot\frac{v_n(t)}{Z_0}+v_{n+1}(t)$$

上式から，各電圧$v_n(t)$と$v_{n+1}(t)$との関係（**伝達関数**）は次式である。

$$e^{\gamma}=\frac{v_{n+1}(t)}{v_n(t)}=1-\frac{Z_1}{Z_0}=1+\frac{Z_1}{2Z_2}-\frac{Z_1}{2Z_2}\sqrt{1+4\frac{Z_2}{Z_1}}\qquad\left(=H(f)\right)$$

ここで，$\gamma=\alpha+j\cdot\beta$は伝播係数（複素数）である。さらに次式を得る。

$$\cosh(\gamma)=\frac{e^{\gamma}+e^{-\gamma}}{2}=1+\frac{Z_1}{2Z_2}$$

$$\sinh\left(\frac{\gamma}{2}\right)=\sqrt{\frac{Z_1}{4Z_2}}=\sinh\left(\frac{\alpha}{2}\right)\cdot\cos\left(\frac{\beta}{2}\right)+j\cdot\cosh\left(\frac{\alpha}{2}\right)\cdot\sin\left(\frac{\beta}{2}\right)$$

これから次の特性を得る。

[1]　$\cosh\left(\frac{\alpha}{2}\right)\cdot\sin\left(\frac{\beta}{2}\right)=0$，$\sinh\left(\frac{\alpha}{2}\right)\cdot\cos\left(\frac{\beta}{2}\right)=\sqrt{\frac{Z_1}{4Z_2}}$ の場合：

$\alpha\geq 0$ であるから，この回路網は**減衰回路**となり，$\beta=4n\pi$，

$\sinh\left(\frac{\alpha}{2}\right)=\sqrt{\frac{Z_1}{4Z_2}}$（正の実数），$\frac{Z_1}{4Z_2}>0$ である。

[2]　$\sinh\left(\frac{\alpha}{2}\right)\cdot\cos\left(\frac{\beta}{2}\right)=0$，$j\cdot\cosh\left(\frac{\alpha}{2}\right)\cdot\sin\left(\frac{\beta}{2}\right)=\sqrt{\frac{Z_1}{4Z_2}}$ の場合：

(a)　$\sinh\left(\frac{\alpha}{2}\right)=0$ とおけば，$\alpha=0$ であるからこの回路網は**通過回路**となり，$j\cdot\sin\left(\frac{\beta}{2}\right)=\sqrt{\frac{Z_1}{4Z_2}}$ である。従って，通過条件は $-1\leq\frac{Z_1}{4Z_2}\leq 0$ である。

(b)　$\cos\left(\frac{\beta}{2}\right)=0$ とおけば，$\alpha\neq 0$ であるからこの回路網は**減衰回路**となり，$j\cdot\cosh\left(\frac{\alpha}{2}\right)=\sqrt{\frac{Z_1}{4Z_2}}$ である。この条件は $\frac{Z_1}{4Z_2}<-1$ である。

例えば，Z_1 をコイル L，Z_2 をコンデンサ C とすれば，**同軸ケーブル**等の伝送線路モデル（または，低域フィルタ）となり，通過条件が $-1\leq\frac{Z_1}{4Z_2}\leq 0$ であるから，**通過周波数帯域**は次式となる。

$$-1\leq\frac{Z_1}{4Z_2}=-\frac{\omega^2LC}{4}\leq 0 \quad\rightarrow\quad 0\leq f\leq\frac{1}{\pi\sqrt{LC}}$$

ここで，ω は角周波数であり，$\omega=2\pi f$ である。このときの特性インピーダンス Z_0 および伝達関数 $H(f)$ は次式となる。

$$Z_0=\frac{Z_1}{2}\left(1+\sqrt{1+4\frac{Z_2}{Z_1}}\right)=j\cdot\frac{\omega L}{2}\left(1+\sqrt{1-\frac{4}{\omega^2LC}}\right)$$

$$H(f)=e^{\gamma}=1-\frac{\omega^2LC}{2}+\frac{\omega^2LC}{2}\sqrt{1-\frac{4}{\omega^2LC}}$$

逆に，Z_1をコンデンサC，Z_2をコイルLとすれば**高域フィルタ**となり，通過条件が$-1\leq\frac{Z_1}{4Z_2}\leq 0$であるから，**通過周波数帯域**は次式となる。

$$-1\leq\frac{Z_1}{4Z_2}=-\frac{1}{4\omega^2LC}\leq 0 \quad\rightarrow\quad \frac{1}{4\pi\sqrt{LC}}\leq f$$

このときの特性インピーダンスZ_0および伝達関数$H(f)$は次式となる。

$$Z_0=\frac{Z_1}{2}\left(1+\sqrt{1+4\frac{Z_2}{Z_1}}\right)=-j\cdot\frac{1+\sqrt{1-4\omega^2LC}}{2\omega C}$$

$$H(f)=e^{\gamma}=1-\frac{1}{2\omega^2LC}+\frac{\sqrt{1-4\omega^2LC}}{2\omega^2LC}$$

(3)　低域フィルタ（Low Pass Filter）

今，システムの周波数特性を次の理想的な**低域フィルタ**とおく。

$$H(f)=A \qquad (|f|\leq\omega)$$
$$\quad = 0 \qquad (\omega<|f|)$$

これに$\delta(t)$信号（$I(f)=1$）を入力したとき，この出力信号$h(t)$（インパルス応答）は以下のようになる。

$$h(t)=\int_{-\omega}^{\omega} I(f)\cdot H(f)\,df=\int_{-\omega}^{\omega} 1\cdot A\cdot e^{j\cdot 2\pi\cdot f\cdot t}\,df=A\cdot\left[\frac{e^{j\cdot 2\pi\cdot f\cdot t}}{j\cdot 2\pi\, f\, t}\right]_{-\omega}^{\omega}$$
$$=2A\cdot\frac{\sin(2\pi\omega t)}{2\pi t}=2A\omega\cdot\mathrm{sinc}(2\pi\omega t)$$

ここで，$\mathrm{sinc}(2\pi\omega t)$は**標本化関数**（Sampling Function）である（図 10.2 参照）。入力信号$f(t)$が上で示した$\delta(t)$関数の集まりであるとすると，出力信号$g(t)$は次式で表される。

$$g(t)=\int_0^t f(\tau)\cdot h(t-\tau)\,d\tau=\int_0^t f(\tau)\cdot 2A\omega\cdot\mathrm{sinc}\{2\pi\omega(t-\tau)\}\,d\tau$$

一方，標本化関数$\mathrm{sinc}(t)$において，$\mathrm{sinc}(t)=0$となる$|t|$の最小値は図 10.2

から$t=\pm\dfrac{1}{2\omega}$である。すなわち，このようなシステムにインパルス（δ関数）を１つ伝送するためには，最小限$\dfrac{1}{2\omega}$秒必要であることが分かる（図 10.2 において$-\pi\sim\pi$の間の波形）。あるいは，このシステムが理論的に１秒間に最大2ω個のインパルスを伝送できることを示している。これを**ナイキスト (Nyquist) 速度**という。

(4) 標本化定理（Sampling Theorem）

この標本化定理は，ディジタル通信などの理論的裏付けとなる定理である。この定理について，以下に述べていこう。まず，出力信号$g(t)$のフーリエ変換$G(f)$が帯域$0\leq f\leq|\omega|$で制限されていると仮定する。そして，周波数軸f上での周期関数$G'(f)$を考え，この関数$G'(f)$は帯域内で$G(f)$に等しいとする。すなわち，

$$
\begin{aligned}
G'(f)&=G(f) && (0\leq|f|\leq\omega)\\
G'(f)&=G(f+2n\omega) && (2\omega:\text{周期})
\end{aligned}
$$

である．このとき，$G'(f)$は周期関数であるから，以下のようになる。

$$G'(f)=\sum_{n=-\infty}^{\infty}C_n\cdot e^{-j\cdot\frac{2\pi n\cdot f}{2\omega}}$$

ここで，C_nは次式となる。

$$C_n=\frac{1}{2\omega}\int_{-\omega}^{\omega}G'(f)\cdot e^{-j\cdot\frac{2\pi\cdot n\cdot f}{2\cdot\omega}}df=\frac{1}{2\omega}\int_{-\omega}^{\omega}G(f)\cdot e^{-j\cdot\frac{2\pi\cdot n\cdot f}{2\cdot\omega}}df=\frac{1}{2\omega}g\left(\frac{n}{2\omega}\right)$$

従って，出力信号$g(t)$は以下のようになる。

$$
\begin{aligned}
g(t)&=\int_{-\omega}^{\omega}G(f)\cdot e^{j\cdot2\pi\cdot n\cdot f\cdot t}df=\int_{-\omega}^{\omega}G'(f)\cdot e^{j\cdot2\pi\cdot n\cdot f\cdot t}df\\
&=\int_{-\omega}^{\omega}\left\{\sum_{n=-\infty}^{\infty}C_n\cdot e^{-j\cdot\frac{2\pi\cdot n\cdot f\cdot t}{2\cdot\omega}}\right\}\cdot e^{j\cdot2\pi\cdot n\cdot f}df=\frac{1}{2\omega}\sum_{n=-\infty}^{\infty}g\left(\frac{n}{2\omega}\right)\cdot\int_{-\omega}^{\omega}e^{j\cdot2\pi\cdot f\cdot(t-\frac{n}{2\cdot\omega})}df\\
&=\sum_{n=-\infty}^{\infty}g\left(\frac{n}{2\omega}\right)\cdot\frac{\sin\left\{2\pi\omega\left(t-\frac{n}{2\omega}\right)\right\}}{2\pi\omega\left(t-\frac{n}{2\omega}\right)}=\sum_{n=-\infty}^{\infty}g\left(\frac{n}{2\omega}\right)\cdot\mathrm{sinc}\left\{2\pi\omega\left(t-\frac{n}{2\omega}\right)\right\}
\end{aligned}
$$

これは，図 12.2 に示すように，信号 $g(t)$ の代わりに $g(t)$ の離散的な値 $g(\frac{n}{2\omega})$ を送り，受信側で理想フィルタを通せば信号 $g(t)$ を再生できることを示している。これを**標本化定理**（Sampling Theorem）という。

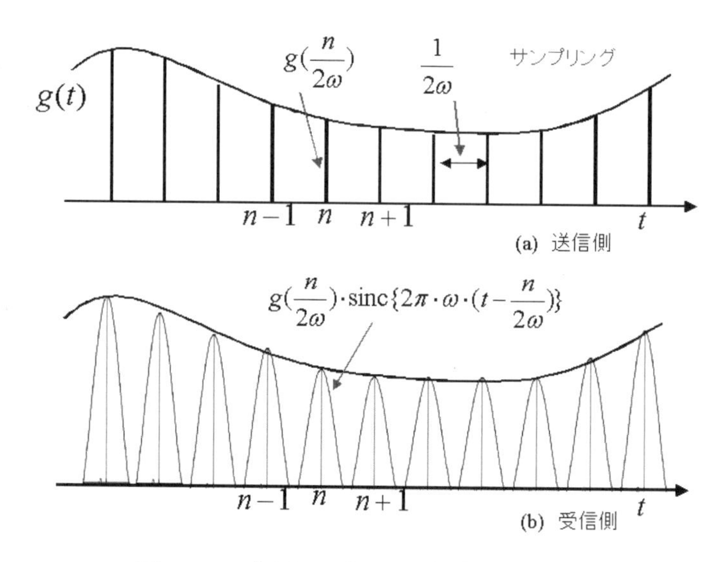

図 12.2　標本化定理の意味

練習問題

問題 12.1　インパルス応答が $h(t)=a\cdot e^{-a\cdot t}$ $(a>0)$ のシステムにおいて，入力信号が $f(t)=E\cdot\sin(bt)$ である場合，出力信号 $g(t)$ を求めなさい。

問題 12.2　図 12.2 において，Z_1 を抵抗 R，Z_2 をコンデンサ C としたとき（電話線（CR 伝送線路）の等価回路）の特性インピーダンス Z_0 および伝達関数 $H(f)$ を求めなさい。

問題 12.3　5KHz の帯域フィルタで伝送できる最大のパルス数を求めなさい。

第 13 章　自動制御

(1)　伝達関数（Transmission Function）

自動制御においては，図 13.1 に示す LCR 直列回路の過渡現象がよく取り上げられる。この回路の関係式は第 11 章から以下のようになる。

$$v_S(t) = R \cdot i(t) + L \cdot \frac{d}{dt} i(t) + \frac{1}{C}\int_0^t i(x)\,dx, \qquad v_C(t) = \frac{1}{C}\int_0^t i(x)\,dx$$

ラプラス変換を行うと次式となる。

$$V_S(s) = R \cdot I(s) + L \cdot sI(s) + \frac{1}{C}\cdot\frac{1}{s}I(s), \qquad V_C(s) = \frac{1}{C}\cdot\frac{1}{s}I(s)$$

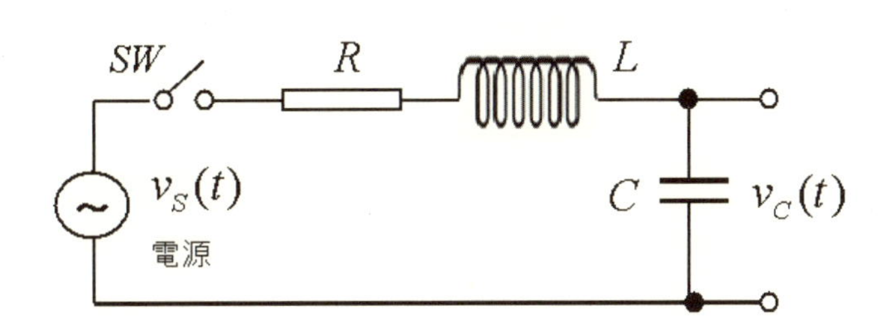

図 13.1　LCR 直列回路の過渡現象

これから**伝達関数** $h(t)$ のラプラス変換 $H(s)$ は次式となる。

$$H(s) = \frac{V_C(s)}{V_S(s)} = \frac{1}{sC}\cdot I(s) = \frac{1}{LC}\cdot\frac{1}{s^2 + s\cdot\dfrac{R}{L} + \dfrac{1}{LC}} = \frac{\omega^2}{s^2 + 2\eta\omega\cdot s + \omega^2}$$

ここで，$\omega = \dfrac{1}{\sqrt{LC}}$ であり，コイルとコンデンサの共振角周波数（固有角周波数）である。また，$\eta = \dfrac{R}{2}\sqrt{\dfrac{C}{L}}$ であり，**減衰係数**である。直流電源（ステップ関数）であれば，$V_S(s) = \dfrac{E}{s}$ であるから，出力電圧 $v_C(t)$（**ステップ応答**という）のラプラス変換 $V_C(s)$ は次式となる。

$$V_C(s)=H(s)\cdot V_S(s)=\frac{\omega^2}{s^2+2\eta\omega\cdot s+\omega^2}\cdot\frac{E}{s}=E\cdot\left\{\frac{1}{s}-\frac{s+2\eta\omega}{s^2+2\eta\omega\cdot s+\omega^2}\right\}$$

上式について，2次方程式$s^2+2\eta\omega\cdot s+\omega^2=0$の解$x_1$，$x_2$の種類に分けて以下に求めてみる。

[1]　$\eta=0$（$R=0$）の場合：$x_1=i\cdot\omega$，$x_2=-i\cdot\omega$（純虚数）

逆変換すると，出力電圧$v_C(t)$は次式となる。

$$v_C(t)=E\cdot\{1-\cos(\omega t)\}$$

すなわち，Eを中心とした振動波形となる。

[2]　$0<\eta<1$の場合：$x_1=-\alpha+i\cdot\beta$，$x_2=-\alpha-i\cdot\beta$（複素数根）

この場合，$\alpha=\eta\omega$，$\beta=\omega\sqrt{1-\eta^2}$である。逆変換すると，出力電圧$v_C(t)$は次式となる。

$$\begin{aligned}v_C(t)&=E\cdot\left\{1-\frac{x_1+2\alpha}{x_1-x_2}\cdot e^{x_1t}-\frac{x_2+2\alpha}{x_2-x_1}\cdot e^{x_2t}\right\}\\&=E\cdot\left\{1-\frac{\alpha+i\cdot\beta}{i\cdot 2\beta}\cdot e^{(-\alpha+i\cdot\beta)\cdot t}+\frac{\alpha-i\cdot\beta}{i\cdot 2\beta}\cdot e^{(-\alpha-i\cdot\beta)\cdot t}\right\}\\&=E\cdot\left\{1-e^{-\alpha\cdot t}\cdot\cos(\beta t)-\frac{\alpha}{\beta}\cdot e^{-\alpha\cdot t}\cdot\sin(\beta t)\right\}\end{aligned}$$

[3]　$\eta=1$（$R=2\sqrt{\frac{L}{C}}$）の場合：$x_1=x_2=-\omega$（重根）

逆変換すると，出力電圧$v_C(t)$は次式となる。

$$v_C(t)=E\cdot\{1-e^{-\omega\cdot t}-\omega t\cdot e^{-\omega\cdot t}\}$$

[4]　$1<\eta$の場合：$x_1=-\alpha+\beta$，$x_2=-\alpha-\beta$（実数根）

この場合，$\alpha=\eta\omega$，$\beta=\omega\sqrt{\eta^2-1}$である。逆変換すると，出力電圧$v_C(t)$は次式となる。

$$\begin{aligned}v_C(t)&=E\cdot\left\{1-\frac{x_1+2\alpha}{x_1-x_2}\cdot e^{x_1t}-\frac{x_2+2\alpha}{x_2-x_1}\cdot e^{x_2t}\right\}\\&=E\cdot\left\{1-\frac{\alpha+\beta}{2\beta}\cdot e^{(-\alpha+\beta)\cdot t}+\frac{\alpha-\beta}{2\beta}\cdot e^{(-\alpha-\beta)\cdot t}\right\}\\&=E\cdot\left\{1-e^{-\alpha\cdot t}\cdot\cosh(\beta t)-\frac{\alpha}{\beta}\cdot e^{-\alpha\cdot t}\cdot\sinh(\beta t)\right\}\end{aligned}$$

以上から，図 13.2 に示す過渡現象となり，抵抗Rを変えることによって過渡現象が変わる。すなわち，減衰係数ηが$0<\eta<1$のとき，振動しながら定常解（$v_C(t)=E$）に近づく。自動制御系では$\eta=1$の場合，振動せず，もっとも速く目的値に近づく解であり，もっとも良いとされている。従って，極が複素数の場合，過渡現象に振動が表れる。

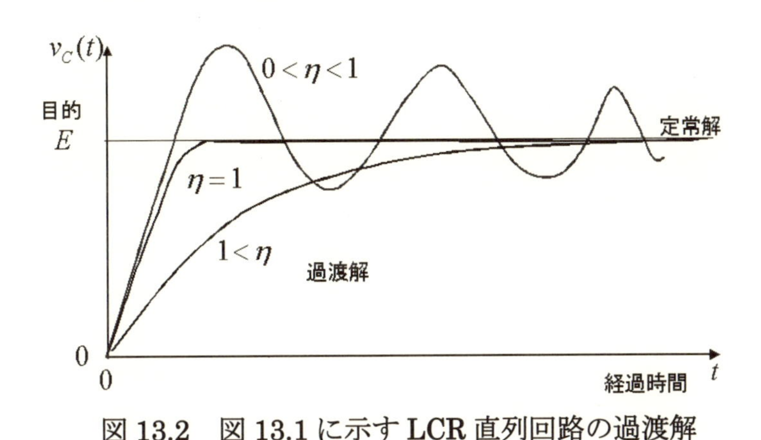

図 13.2　図 13.1 に示す LCR 直列回路の過渡解

(2)　自動制御系（Automatic Control System）

図 13.3 に自動制御系の例を示す。図において，$\mathbf{u}(t)$は入力ベクトル，$\mathbf{x}(t)$はシステム内部状態ベクトル，$\mathbf{y}(t)$は制御（出力）ベクトル，および$\mathbf{A}$，$\mathbf{B}$，$\mathbf{C}$，$\mathbf{D}$は定数行列である。そして，システムの状態方程式は次式である。

$$\frac{d}{dt}\mathbf{x}(t)=\mathbf{A}\cdot x(t)+\mathbf{B}\cdot\mathbf{u}(t),\qquad \mathbf{y}(t)=\mathbf{C}\cdot\mathbf{x}(t)+\mathbf{D}\cdot\mathbf{u}(t)$$

上式をラプラス変換すると次式となる。

$$s\cdot\mathbf{X}(s)-\mathbf{x}(0)=\mathbf{A}\cdot\mathbf{X}(s)+\mathbf{B}\cdot\mathbf{U}(s),\qquad \mathbf{Y}(s)=\mathbf{C}\cdot\mathbf{X}(s)+\mathbf{D}\cdot\mathbf{U}(s)$$

これから次式を得る。

$$\mathbf{X}(s)=\frac{\mathbf{B}\cdot\mathbf{U}(s)+\mathbf{x}(0)}{s\cdot\mathbf{I}-\mathbf{A}},\qquad \mathbf{Y}(s)=\mathbf{C}\cdot\frac{\mathbf{B}\cdot\mathbf{U}(s)+\mathbf{x}(0)}{s\cdot\mathbf{I}-\mathbf{A}}+\mathbf{D}\cdot\mathbf{U}(s)$$

ここで，$\mathbf{I}$は単位行列であり，$\mathbf{x}(0)$は初期状態ベクトルである。また，この式中の$[s\cdot\mathbf{I}-\mathbf{A}]^{-1}$は状態推移行列$\mathbf{g}(t)$のラプラス変換$\mathbf{G}(s)$である。今，$\mathbf{A}$，$\mathbf{B}$，

$\mathbf{x}(0)$, $\mathbf{u}(t)$ を次のもっとも簡単な行列とおき, 状態推移行列 $\mathbf{g}(t)$ を求めてみる。

$$\mathbf{A}=\begin{bmatrix} a_{11}, & a_{12} \\ a_{21}, & a_{22} \end{bmatrix}, \qquad \mathbf{B}=\begin{bmatrix} b_1 \\ b_2 \end{bmatrix}, \qquad \mathbf{x}(0)=\begin{bmatrix} x_1 \\ x_2 \end{bmatrix}, \qquad \mathbf{u}(t)=\begin{bmatrix} u_1(t) \\ u_2(t) \end{bmatrix}$$

まず, $\mathbf{G}(s)$ は以下のようになる。

$$\mathbf{G}(s)=\frac{1}{s\cdot\mathbf{I}-\mathbf{A}}=\frac{1}{s\cdot\begin{bmatrix} 1, & 0 \\ 0, & 1 \end{bmatrix}-\begin{bmatrix} a_{11}, & a_{12} \\ a_{21}, & a_{22} \end{bmatrix}}$$

$$=\frac{1}{\begin{bmatrix} s-a_{11}, & -a_{12} \\ -a_{21}, & s-a_{22} \end{bmatrix}}=\frac{\begin{bmatrix} s-a_{22}, & a_{12} \\ a_{21}, & s-a_{11} \end{bmatrix}}{(s-a_{11})(s-a_{22})-a_{12}a_{21}}$$

$$=\begin{bmatrix} \dfrac{s-a_{22}}{(s-a_{11})(s-a_{22})-a_{12}a_{21}}, & \dfrac{a_{12}}{(s-a_{11})(s-a_{22})-a_{12}a_{21}} \\ \dfrac{a_{21}}{(s-a_{11})(s-a_{22})-a_{12}a_{21}}, & \dfrac{s-a_{11}}{(s-a_{11})(s-a_{22})-a_{12}a_{21}} \end{bmatrix}$$

これを逆変換すると状態推移行列 $\mathbf{g}(t)$ が次式のように求められる。

$$\mathbf{g}(t)=\begin{bmatrix} g_{11}(t), & g_{12}(t) \\ g_{21}(t), & g_{22}(t) \end{bmatrix}$$

$$=\begin{bmatrix} \ell^{-1}\left\{\dfrac{s-a_{22}}{(s-a_{11})(s-a_{22})-a_{12}a_{21}}\right\}, & \ell^{-1}\left\{\dfrac{a_{12}}{(s-a_{11})(s-a_{22})-a_{12}a_{21}}\right\} \\ \ell^{-1}\left\{\dfrac{a_{21}}{(s-a_{11})(s-a_{22})-a_{12}a_{21}}\right\}, & \ell^{-1}\left\{\dfrac{s-a_{11}}{(s-a_{11})(s-a_{22})-a_{12}a_{21}}\right\} \end{bmatrix}$$

これが求められると, 状態ベクトル $\mathbf{x}(t)$ が次式で求められる。

$$\mathbf{x}(t)=\mathbf{g}(t)\cdot\mathbf{x}(0)+\int_0^t \mathbf{g}(t-\tau)\cdot\mathbf{B}\cdot\mathbf{u}(\tau)\,d\tau$$

$$=\begin{bmatrix} g_{11}(t), & g_{12}(t) \\ g_{21}(t), & g_{22}(t) \end{bmatrix}\cdot\begin{bmatrix} x_1 \\ x_2 \end{bmatrix}+\int_0^t \begin{bmatrix} g_{11}(t-\tau), & g_{12}(t-\tau) \\ g_{21}(t-\tau), & g_{22}(t-\tau) \end{bmatrix}\cdot\begin{bmatrix} b_1 \\ b_2 \end{bmatrix}\cdot\begin{bmatrix} u_1(\tau) \\ u_2(\tau) \end{bmatrix}d\tau$$

$$=\begin{bmatrix} g_{11}(t)\cdot x_1+g_{12}(t)\cdot x_2+\int_0^t \{g_{11}(t-\tau)\cdot b_1+g_{12}(t-\tau)\cdot b_2\}\cdot u_1(\tau)\,d\tau \\ g_{21}(t)\cdot x_1+g_{22}(t)\cdot x_2+\int_0^t \{g_{21}(t-\tau)\cdot b_1+g_{22}(t-\tau)\cdot b_2\}\cdot u_2(\tau)\,d\tau \end{bmatrix}$$

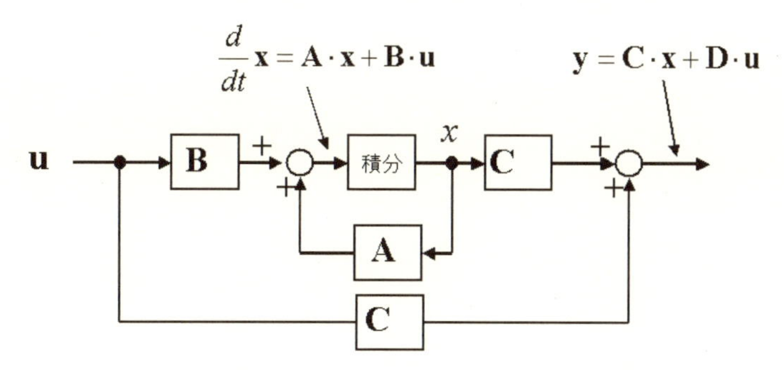

図 13.3　自動制御系の内部ブロック線図例

具体的に，定数行列の各要素が $a_{11}=0$，$a_{12}=1$，$a_{21}=-8$，$a_{22}=-6$，$b_1=0$，$b_2=1$，$x_1=1$，$x_2=0$，および入力ベクトルがステップ関数である $u_1(t)=1$，$u_2(t)=1$ とおいた場合，$\mathbf{g}(t)$ は次式となる。

$$g_{11}(t)=\ell^{-1}\left\{\frac{s+6}{(s+2)(s+8)}\right\}=2e^{-2\cdot t}-e^{-4\cdot t}$$

$$g_{12}(t)=\ell^{-1}\left\{\frac{1}{(s+2)(s+8)}\right\}=\frac{1}{2}e^{-2\cdot t}-\frac{1}{2}e^{-4\cdot t}$$

$$g_{21}(t)=\ell^{-1}\left\{\frac{-8}{(s+2)(s+8)}\right\}=-4e^{-2\cdot t}+4e^{-4\cdot t}$$

$$g_{22}(t)=\ell^{-1}\left\{\frac{s}{(s+2)(s+8)}\right\}=-e^{-2\cdot t}+2e^{-4\cdot t}$$

従って，状態ベクトル $\mathbf{x}(t)$ は次式となる。

$$\mathbf{x}(t)=\begin{bmatrix} g_{11}(t)+\int_0^t g_{12}(t-\tau)\,d\tau \\ g_{21}(t)+\int_0^t g_{22}(t-\tau)\,d\tau \end{bmatrix}=\begin{bmatrix} 2\cdot e^{-2\cdot t}-e^{-4\cdot t}+\frac{1}{2}\int_0^t \left(e^{-2\cdot\tau}-e^{-4\cdot\tau}\right)d\tau \\ -4\cdot e^{-2\cdot t}4\cdot e^{-4\cdot t}+\int_0^t \left(-e^{-2\cdot\tau}+2\cdot e^{-4\cdot\tau}\right)d\tau \end{bmatrix}$$

$$=\begin{bmatrix} 2\cdot e^{-2\cdot t}-e^{-4\cdot t}+\frac{1}{2}\left\{\frac{1}{2}\left(1-e^{-2\cdot t}\right)-\frac{1}{4}\left(1-e^{-4\cdot t}\right)\right\} \\ -4\cdot e^{-2\cdot t}+4\cdot e^{-4\cdot t}+\left\{-\frac{1}{2}\left(1-e^{-2\cdot t}\right)+\frac{1}{2}\left(1-e^{-4\cdot t}\right)\right\} \end{bmatrix}$$

$$=\begin{bmatrix} \frac{1}{8}+\frac{7}{4}\cdot e^{-2\cdot t}-\frac{7}{8}\cdot e^{-4\cdot t} \\ -\frac{7}{2}\cdot e^{-2\cdot t}+\frac{7}{2}\cdot e^{-4\cdot t} \end{bmatrix}$$

これが求められると，制御（出力）ベクトル $\mathbf{y}(t)=\mathbf{C}\cdot\mathbf{x}(t)+\mathbf{D}\cdot\mathbf{u}(t)$ が求まる。

さらに, 初期状態をゼロ（$\mathbf{x}(0)=\mathbf{0}$）とおけば, 伝達関数のラプラス変換 $\mathbf{H}(s)$ は次式となる。

$$\mathbf{H}(s)=\frac{\mathbf{Y}(s)}{\mathbf{U}(s)}=\mathbf{C}\cdot\frac{\mathbf{B}}{s\cdot\mathbf{I}-\mathbf{A}}+\mathbf{D}$$

一般に，どのようなシステムにおいても，伝達関数のラプラス変換 $H(s)$ は次式で表される。

$$H(s)=\frac{Y(s)}{U(s)}=\frac{b_{n-1}\cdot s^{n-1}+b_{n-2}\cdot s^{n-2}+\cdots+b_1\cdot s+b_0}{s^n+a_{n-1}\cdot s^{n-1}+\cdots+a_1\cdot s+a_0}$$

すなわち，上の LCR 直列回路で示した伝達関数のラプラス変換 $H(s)$ もこのような形式（$n=2$，$a_1=2\eta\omega$，$b_1=0$，$a_0=b_0=\omega^2$）になっていることが分かるであろう。

以上，自動制御工学の分野においては，特に過渡状態が求められるので，**ラプラス変換・逆変換**が数多く利用されているといえる。

練習問題

問題 13.1　図 13.4 に示す制御系の**時定数**が 0.1 となるゲイン K を求めなさい。ここで，s^{-1} は**積分**を意味する。

問題 13.2　図 13.5 に示す制御系の**時定数**が 0.1 となるようにゲイン K_1, K_2 の条件を求めなさい。

問題 13.3　伝達関数が $H(s)=\dfrac{6}{s^2+5s+6}$ について，ブロック線図を描き，さらに単位ステップ応答を求めて図示しなさい。

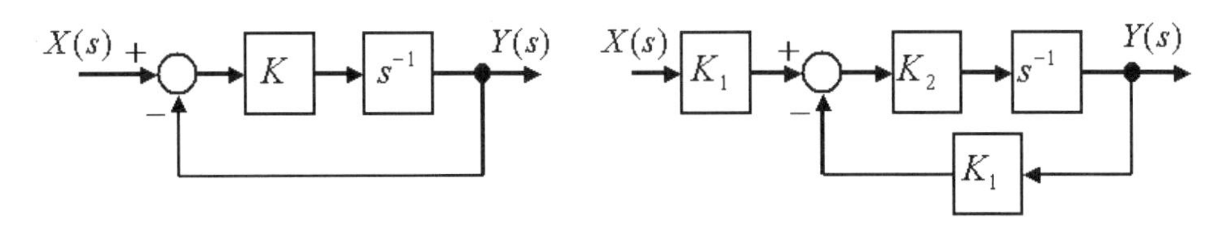

図 13.4　自動制御系 1　　図 13.5　自動制御系 2

第 14 章　四元数（Quaternion）

(1)　四元数（Quaternion）とは

前章まで扱ってきた複素数は$z = x + i \cdot y$であり，虚数軸が一次元である。複素数の虚数軸を三次元に拡張した数を**四元数**（Quaternion）といい，4 個の実数w，x，y，zと 3 つの虚数単位$\mathbf{i}$，$\mathbf{j}$，$\mathbf{k}$を用いて，$\mathbf{Q} = w + x \cdot \mathbf{i} + y \cdot \mathbf{j} + z \cdot \mathbf{k}$で表される（本章では，四元数を**ベクトル**で表す）。ここで，虚数単位$\mathbf{i}$，$\mathbf{j}$，$\mathbf{k}$は以下のように定義されている。

$$\mathbf{i}^2 = \mathbf{j}^2 = \mathbf{k}^2 = -1, \quad \mathbf{i} \cdot \mathbf{j} = -\mathbf{j} \cdot \mathbf{i} = \mathbf{k}, \quad \mathbf{j} \cdot \mathbf{k} = -\mathbf{k} \cdot \mathbf{j} = \mathbf{i}, \quad \mathbf{k} \cdot \mathbf{i} = -\mathbf{i} \cdot \mathbf{k} = \mathbf{j}$$

また，wは**実数部**，x，y，zは三次元での**虚数部**である。このような四元数$\mathbf{P} = p_w + p_x \cdot \mathbf{i} + p_y \cdot \mathbf{j} + p_z \cdot \mathbf{k} = p_w + \mathbf{p}$および$\mathbf{Q} = q_w + q_x \cdot \mathbf{i} + q_y \cdot \mathbf{j} + q_z \cdot \mathbf{k} = q_w + \mathbf{q}$における和差・積は以下のようになる。

$$\begin{aligned}\mathbf{P} \pm \mathbf{Q} &= (p_w + p_x \cdot \mathbf{i} + p_y \cdot \mathbf{j} + p_z \cdot \mathbf{k}) \pm (q_w + q_x \cdot \mathbf{i} + q_y \cdot \mathbf{j} + q_z \cdot \mathbf{k}) \\ &= (p_w \pm q_w) + (p_x \pm q_x) \cdot \mathbf{i} + (p_y \pm q_y) \cdot \mathbf{j} + (p_z \pm q_z) \cdot \mathbf{k}\end{aligned}$$

$$\begin{aligned}\mathbf{P} \cdot \mathbf{Q} &= (p_w + p_x \cdot \mathbf{i} + p_y \cdot \mathbf{j} + p_z \cdot \mathbf{k}) \cdot (q_w + q_x \cdot \mathbf{i} + q_y \cdot \mathbf{j} + q_z \cdot \mathbf{k}) \\ &= (p_w \cdot q_w - p_x \cdot q_x - p_y \cdot q_y - p_z \cdot q_z) + (p_w \cdot q_x + p_x \cdot q_w + p_y \cdot q_z - p_z \cdot q_y) \cdot \mathbf{i} \\ &\quad + (p_w \cdot q_y + p_y \cdot q_w + p_z \cdot q_x - p_x \cdot q_z) \cdot \mathbf{j} + (p_w \cdot q_z + p_z \cdot q_w + p_x \cdot q_y - p_y \cdot q_x) \cdot \mathbf{k} \\ &= p_w \cdot q_w - \mathbf{p} \bullet \mathbf{q} + p_w \cdot \mathbf{q} + q_w \cdot \mathbf{p} + \mathbf{p} \times \mathbf{q}\end{aligned}$$

ここで，$\mathbf{p}$ $(= p_x \cdot \mathbf{i} + p_y \cdot \mathbf{j} + p_z \cdot \mathbf{k})$および$\mathbf{q}$ $(= q_x \cdot \mathbf{i} + q_y \cdot \mathbf{j} + q_z \cdot \mathbf{k})$は 3 次元ベクトルである。また，$\mathbf{p} \bullet \mathbf{q}$および$\mathbf{p} \times \mathbf{q}$はそれぞれベクトルの**内積**および**外積**を表し，次式で与えられる。

$$\mathbf{p} \bullet \mathbf{q} = p_x \cdot q_x + p_y \cdot q_y + p_z \cdot q_z$$

$$\begin{aligned}\mathbf{p} \times \mathbf{q} &= \begin{bmatrix} \mathbf{i} & \mathbf{j} & \mathbf{k} \\ p_x & p_y & p_z \\ q_x & q_y & q_z \end{bmatrix} \\ &= (p_y \cdot q_z - p_z \cdot q_y) \cdot \mathbf{i} + (p_z \cdot q_x - p_x \cdot q_z) \cdot \mathbf{j} + (p_x \cdot q_y - p_y \cdot q_x) \cdot \mathbf{k}\end{aligned}$$

従って，$\mathbf{P} \cdot \mathbf{Q} \neq \mathbf{Q} \cdot \mathbf{P}$であることがわかる。この性質を**非可換**という。なお，四元数$\mathbf{P}$と$\mathbf{Q}$が等しい場合，前章で示した一次元複素数の場合と同様，

$p_w = q_w$，$p_x = q_x$，$p_y = q_y$，$p_z = q_z$ である。さらに，**共役四元数**も同様，虚数部を負にした数で表され，$\overline{\mathbf{Q}} = q_w - (q_x \cdot \mathbf{i} + q_y \cdot \mathbf{j} + q_z \cdot \mathbf{k})$ となる。また，原点と点$\mathbf{Q}$との距離である絶対値（ノルム（Norum）といい，$N(\mathbf{Q})$と表記）は次式となる。

$$N(\mathbf{Q}) = |\mathbf{Q}| = \sqrt{\mathbf{Q} \cdot \overline{\mathbf{Q}}} = \sqrt{(q_w + q_x \cdot \mathbf{i} + q_y \cdot \mathbf{j} + q_z \cdot \mathbf{k}) \cdot (q_w - q_x \cdot \mathbf{i} - q_y \cdot \mathbf{j} - q_z \cdot \mathbf{k})}$$
$$= \sqrt{q_w \cdot q_w + q_x \cdot q_x + q_y \cdot q_y + q_z \cdot q_z} = \sqrt{q_w^2 + q_x^2 + q_y^2 + q_z^2}$$

従って，この四元数$\mathbf{Q}$を直交座標で表示すると図14.1のようになる。すなわち，四元数$\mathbf{Q}$は実数軸においてq_wであり，虚数軸が$\mathbf{q}$（3 次元）の長さが

$|\mathbf{q}| = |q_x \cdot \mathbf{i} + q_y \cdot \mathbf{j} + q_z \cdot \mathbf{k}| = \sqrt{q_x^2 + q_y^2 + q_z^2}$ である。なお，$|\mathbf{Q}| = \sqrt{q_w^2 + q_x^2 + q_y^2 + q_z^2} = 1$

となる四元数$\mathbf{Q}$を**単位四元数**（Unit Quaternion）という。

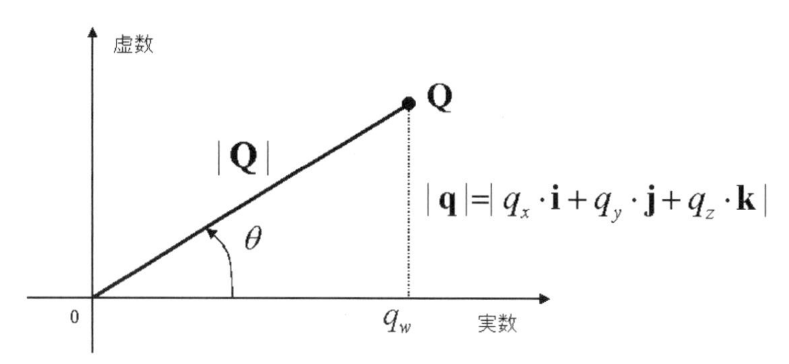

図14.1　四元数$\mathbf{Q} = q_w + q_x \cdot \mathbf{i} + q_y \cdot \mathbf{j} + q_z \cdot \mathbf{k} = q_w + \mathbf{q}$の複素平面上での表示

(2)　四元数の逆元（Inverse of Quaternion）

四元数$\mathbf{Q} = q_w + q_x \cdot \mathbf{i} + q_y \cdot \mathbf{j} + q_z \cdot \mathbf{k}$ について，**体**（Field）を形成する四則演算を可能にするためには，**単位元**および**逆元**が定義されていなければならない。ここで，**単位元**とは$\mathbf{e} \cdot \mathbf{Q} = \mathbf{Q} \cdot \mathbf{e} = \mathbf{Q}$ となる$\mathbf{e}$が存在することである。また，**逆元**とは$\mathbf{Q} \cdot \mathbf{R} = \mathbf{R} \cdot \mathbf{Q} = \mathbf{e}\ (=1)$ が成立する四元数rが存在することである。この四元数$\mathbf{R}$を**逆元**といい，$\mathbf{Q}^{-1}$で表す。すなわち，$\mathbf{Q} \cdot \mathbf{Q}^{-1} = \mathbf{Q}^{-1} \cdot \mathbf{Q} = \mathbf{e}\ (=1)$ であり，次式である。

$$\mathbf{Q}^{-1} = \frac{\overline{\mathbf{Q}}}{|\mathbf{Q}|^2} = \frac{1}{q_w^2 + q_x^2 + q_y^2 + q_z^2} \cdot \{q_w - (q_x \cdot \mathbf{i} + q_y \cdot \mathbf{j} + q_z \cdot \mathbf{k})\}$$

ここで，$\mathbf{Q}$が**単位四元数**であれば，$|\mathbf{Q}| = \sqrt{q_w^2 + q_x^2 + q_y^2 + q_z^2} = 1$から$\mathbf{Q}^{-1} = \overline{\mathbf{Q}}$（共役単位四元数）である。

(3)　単位四元数の積（Unit Quaternion Product）

まず，次に示す2つの**単位四元数**を考える。

$$\mathbf{P} = \cos\alpha + (a_x \cdot \mathbf{i} + a_y \cdot \mathbf{j} + a_z \cdot \mathbf{k}) \cdot \sin\alpha$$
$$\mathbf{Q} = \cos\beta + (a_x \cdot \mathbf{i} + a_y \cdot \mathbf{j} + a_z \cdot \mathbf{k}) \cdot \sin\beta$$

ここで，αおよびβは虚数軸と実数軸との角度（図 14.1 の角度θ）を表す。そして，これらの積は次式となる。

$$\begin{aligned}
\mathbf{P} \cdot \mathbf{Q} &= (\cos\alpha \cdot \cos\beta - a_x \sin\alpha \cdot a_x \sin\beta - a_y \sin\alpha \cdot a_y \sin\beta - a_z \sin\alpha \cdot a_z \sin\beta) \\
&+ (\cos\alpha \cdot a_x \sin\beta + a_x \sin\alpha \cdot \cos\beta + a_y \sin\alpha \cdot a_z \sin\beta - a_z \sin\alpha \cdot a_y \sin\beta) \cdot \mathbf{i} \\
&+ (\cos\alpha \cdot a_y \sin\beta + a_y \sin\alpha \cdot \cos\beta + a_z \sin\alpha \cdot a_x \sin\beta - a_x \sin\alpha \cdot a_z \sin\beta) \cdot \mathbf{j} \\
&+ (\cos\alpha \cdot a_z \sin\beta + a_z \sin\alpha \cdot \cos\beta + a_x \sin\alpha \cdot a_y \sin\beta - a_y \sin\alpha \cdot a_x \sin\beta) \cdot \mathbf{k} \\
&= \{\cos\alpha \cdot \cos\beta - (a_x^2 + a_y^2 + a_z^2) \cdot \sin\alpha \cdot \sin\beta\} \\
&+ a_x \cdot (\cos\alpha \cdot \sin\beta + \sin\alpha \cdot \cos\beta) \cdot \mathbf{i} + a_y \cdot (\cos\alpha \cdot \sin\beta + \sin\alpha \cdot \cos\beta) \cdot \mathbf{j} \\
&+ a_z \cdot (\cos\alpha \cdot \sin\beta + \sin\alpha \cdot \cos\beta) \cdot \mathbf{k} \\
&= \cos(\alpha + \beta) + (a_x \cdot \mathbf{i} + a_y \cdot \mathbf{j} + a_z \cdot \mathbf{k}) \cdot \sin(\alpha + \beta)
\end{aligned}$$

すなわち，単位四元数$\mathbf{P}$および$\mathbf{Q}$の積は角度αおよびβの和となる。ここで，$\mathbf{P}$および$\mathbf{Q}$は単位四元数であるから，$a_x^2 + a_y^2 + a_z^2 = 1$である。

次に，単位四元数$\mathbf{P} = \cos\theta + (a_x \cdot \mathbf{i} + a_y \cdot \mathbf{j} + a_z \cdot \mathbf{k}) \cdot \sin\theta$における虚数部において，$(a_x \cdot \mathbf{i} + a_y \cdot \mathbf{j} + a_z \cdot \mathbf{k})^2$，$(a_x \cdot \mathbf{i} + a_y \cdot \mathbf{j} + a_z \cdot \mathbf{k})^3$，$(a_x \cdot \mathbf{i} + a_y \cdot \mathbf{j} + a_z \cdot \mathbf{k})^4$，・・・，$(a_x \cdot \mathbf{i} + a_y \cdot \mathbf{j} + a_z \cdot \mathbf{k})^n$を求めると以下のようになる。

$$\begin{aligned}
(a_x \cdot \mathbf{i} + a_y \cdot \mathbf{j} + a_z \cdot \mathbf{k})^2 &= (a_x \cdot \mathbf{i} + a_y \cdot \mathbf{j} + a_z \cdot \mathbf{k}) \cdot (a_x \cdot \mathbf{i} + a_y \cdot \mathbf{j} + a_z \cdot \mathbf{k}) \\
&= a_x^2 \cdot \mathbf{i}^2 + a_x \cdot a_y \cdot \mathbf{i} \cdot \mathbf{j} + a_x \cdot a_z \cdot \mathbf{i} \cdot \mathbf{k} + a_y \cdot a_x \cdot \mathbf{j} \cdot \mathbf{i} + a_y^2 \cdot \mathbf{j}^2 + a_y \cdot a_z \cdot \mathbf{j} \cdot \mathbf{k} \\
&+ a_z \cdot a_x \cdot \mathbf{k} \cdot \mathbf{i} + a_z \cdot a_y \cdot \mathbf{k} \cdot \mathbf{j} + a_z^2 \cdot \mathbf{k}^2 \\
&= a_x^2 \cdot \mathbf{i}^2 + a_y^2 \cdot \mathbf{j}^2 + a_z^2 \cdot \mathbf{k}^2 = -(a_x^2 + a_y^2 + a_z^2) = -1
\end{aligned}$$

$$(a_x\cdot\mathbf{i}+a_y\cdot\mathbf{j}+a_z\cdot\mathbf{k})^3=(a_x\cdot\mathbf{i}+a_y\cdot\mathbf{j}+a_z\cdot\mathbf{k})^2\cdot(a_x\cdot\mathbf{i}+a_y\cdot\mathbf{j}+a_z\cdot\mathbf{k})$$
$$=-(a_x\cdot\mathbf{i}+a_y\cdot\mathbf{j}+a_z\cdot\mathbf{k})$$

$$(a_x\cdot\mathbf{i}+a_y\cdot\mathbf{j}+a_z\cdot\mathbf{k})^4=\{(a_x\cdot\mathbf{i}+a_y\cdot\mathbf{j}+a_z\cdot\mathbf{k})^2\}^2=(-1)^2=1$$

$$(a_x\cdot\mathbf{i}+a_y\cdot\mathbf{j}+a_z\cdot\mathbf{k})^5=(a_x\cdot\mathbf{i}+a_y\cdot\mathbf{j}+a_z\cdot\mathbf{k})^4\cdot(a_x\cdot\mathbf{i}+a_y\cdot\mathbf{j}+a_z\cdot\mathbf{k})$$
$$=(a_x\cdot\mathbf{i}+a_y\cdot\mathbf{j}+a_z\cdot\mathbf{k})$$

・・・

$$(a_x\cdot\mathbf{i}+a_y\cdot\mathbf{j}+a_z\cdot\mathbf{k})^n=(-1)^{\frac{n}{2}}\qquad（n\text{が偶数の場合}）$$

$$(a_x\cdot\mathbf{i}+a_y\cdot\mathbf{j}+a_z\cdot\mathbf{k})^n=(-1)^{\frac{n-1}{2}}\cdot(a_x\cdot\mathbf{i}+a_y\cdot\mathbf{j}+a_z\cdot\mathbf{k})\qquad（n\text{が奇数の場合}）$$

これらから，次式の単位四元数$\mathbf{Q}$による**オイラーの公式**を得る。

$$e^{(a_x\cdot\mathbf{i}+a_y\cdot\mathbf{j}+a_z\cdot\mathbf{k})\cdot\theta}=\sum_{n=0}^{\infty}\frac{(a_x\cdot\mathbf{i}+a_y\cdot\mathbf{j}+a_z\cdot\mathbf{k})^n}{n!}\cdot\theta^n$$
$$=1+\frac{(a_x\cdot\mathbf{i}+a_y\cdot\mathbf{j}+a_z\cdot\mathbf{k})}{1!}\cdot\theta+\frac{(a_x\cdot\mathbf{i}+a_y\cdot\mathbf{j}+a_z\cdot\mathbf{k})^2}{2!}\cdot\theta^2$$
$$+\frac{(a_x\cdot\mathbf{i}+a_y\cdot\mathbf{j}+a_z\cdot\mathbf{k})^3}{3!}\cdot\theta^3+\frac{(a_x\cdot\mathbf{i}+a_y\cdot\mathbf{j}+a_z\cdot\mathbf{k})^4}{4!}\cdot\theta^4+\cdots$$
$$=1+\frac{(a_x\cdot\mathbf{i}+a_y\cdot\mathbf{j}+a_z\cdot\mathbf{k})}{1!}\cdot\theta+\frac{-1}{2!}\cdot\theta^2+\frac{-(a_x\cdot\mathbf{i}+a_y\cdot\mathbf{j}+a_z\cdot\mathbf{k})}{3!}\cdot\theta^3$$
$$+\frac{1}{4!}\cdot\theta^4+\frac{(a_x\cdot\mathbf{i}+a_y\cdot\mathbf{j}+a_z\cdot\mathbf{k})}{5!}\cdot\theta^5+\cdots$$
$$=\left(1-\frac{1}{2!}\cdot\theta^2+\frac{1}{4!}\cdot\theta^4-\cdots\right)+(a_x\cdot\mathbf{i}+a_y\cdot\mathbf{j}+a_z\cdot\mathbf{k})\cdot\left(\theta-\frac{1}{3!}\cdot\theta^3+\theta^5-\cdots\right)$$
$$=\cos\theta+(a_x\cdot\mathbf{i}+a_y\cdot\mathbf{j}+a_z\cdot\mathbf{k})\cdot\sin\theta$$

この関係から単位四元数$\mathbf{Q}$の対数およびべき乗はそれぞれ次式となる。

$$\log(\mathbf{Q})=\log\{e^{(a_x\cdot\mathbf{i}+a_y\cdot\mathbf{j}+a_z\cdot\mathbf{k})\cdot\theta}\}=(a_x\cdot\mathbf{i}+a_y\cdot\mathbf{j}+a_z\cdot\mathbf{k})\cdot\theta$$

$$(\mathbf{Q})^t=\{e^{(a_x\cdot\mathbf{i}+a_y\cdot\mathbf{j}+a_z\cdot\mathbf{k})\cdot\theta}\}^t=e^{(a_x\cdot\mathbf{i}+a_y\cdot\mathbf{j}+a_z\cdot\mathbf{k})\cdot\theta\cdot t}$$
$$=\cos(\theta\cdot t)+(a_x\cdot\mathbf{i}+a_y\cdot\mathbf{j}+a_z\cdot\mathbf{k})\cdot\sin(\theta\cdot t)$$

(4)　3次元（R^3）での回転（Rotation）

単位四元数$\mathbf{Q}=q_w+q_x\cdot\mathbf{i}+q_y\cdot\mathbf{j}+q_z\cdot\mathbf{k}$　$(=q_w+\mathbf{q})$および任意の四元数$\mathbf{V}=v_w$

$+v_x \cdot \mathbf{i} + v_y \cdot \mathbf{j} + v_z \cdot \mathbf{k} = v_w + \mathbf{v}$において，$\mathbf{U} = L(\mathbf{V}) = \mathbf{Q} \cdot \mathbf{V} \cdot \overline{\mathbf{Q}}$は以下のようになる。

$$\begin{aligned}
\mathbf{U} &= L(\mathbf{V}) = \mathbf{Q} \cdot \mathbf{V} \cdot \overline{\mathbf{Q}} \quad (= u_w + u_x \cdot \mathbf{i} + u_y \cdot \mathbf{j} + u_z \cdot \mathbf{k}) \\
&= v_w + \{(2 \cdot q_w^2 + 2 \cdot q_x^2 - 1) \cdot v_x + 2 \cdot (q_x \cdot q_y - q_w \cdot q_z) \cdot v_y + 2 \cdot (q_z \cdot q_x + q_w \cdot q_y) \cdot v_z\} \cdot \mathbf{i} \\
&+ \{2 \cdot (q_x \cdot q_y + q_w \cdot q_z) \cdot v_x + (2 \cdot q_w^2 + 2 \cdot q_y^2 - 1) \cdot v_y + 2 \cdot (q_y \cdot q_z - q_w \cdot q_x) \cdot v_z\} \cdot \mathbf{j} \\
&+ \{2 \cdot (q_x \cdot q_z - q_w \cdot q_y) \cdot v_x + 2 \cdot (q_y \cdot q_z + q_w \cdot q_x) \cdot v_y + (2 \cdot q_w^2 + 2 \cdot q_z^2 - 1) \cdot v_z\} \cdot \mathbf{k} \\
&= v_w + (2 \cdot q_w^2 - 1) \cdot \mathbf{v} + 2 \cdot q_w \cdot (\mathbf{q} \times \mathbf{v}) + 2 \cdot (\mathbf{q} \bullet \mathbf{v}) \cdot \mathbf{q}
\end{aligned}$$

実数部は$u_w = v_w$となり，虚数部を行列式で表すと以下のようになる。

$$\begin{bmatrix} u_x \\ u_y \\ u_z \end{bmatrix} = \begin{bmatrix} 2 \cdot (q_w^2 + q_x^2) - 1 & 2 \cdot (q_x \cdot q_y - q_w \cdot q_z) & 2 \cdot (q_z \cdot q_x + q_w \cdot q_y) \\ 2 \cdot (q_x \cdot q_y + q_w \cdot q_z) & 2 \cdot (q_w^2 + q_y^2) - 1 & 2 \cdot (q_y \cdot q_z - q_w \cdot q_x) \\ 2 \cdot (q_x \cdot q_z - q_w \cdot q_y) & 2 \cdot (q_y \cdot q_z + q_w \cdot q_x) & 2 \cdot (q_w^2 + q_z^2) - 1 \end{bmatrix} \cdot \begin{bmatrix} v_x \\ v_y \\ v_z \end{bmatrix}$$

ここで，$q_w = \cos\alpha$，$q_x = a_x \cdot \sin\alpha$，$q_y = a_y \cdot \sin\alpha$，$q_z = a_z \cdot \sin\alpha$である。

また，$\mathbf{U} = L(\mathbf{V}) = \mathbf{Q} \cdot \mathbf{V} \cdot \overline{\mathbf{Q}} = u_w + \mathbf{u}$は，図 14.2 に示すように，$a_x \cdot \mathbf{i} + a_y \cdot \mathbf{j} + a_z \cdot \mathbf{k}$（$= \mathbf{q}$）を軸として任意の四元数$\mathbf{V}$を角度$2\alpha$分**回転**（Rotation）することを表す。ここで，$\mathbf{a}$は$\mathbf{V}$の$\mathbf{q}$成分であり，$\mathbf{m} = \mathbf{n} \cdot \cos(2\alpha) \cdot n + \mathbf{n}_\perp \cdot \sin(2\alpha)$，$\mathbf{V} = \mathrm{a} + \mathbf{n}$および$\mathbf{U} = L(\mathbf{V}) = \mathbf{a} + \mathbf{m}$である。

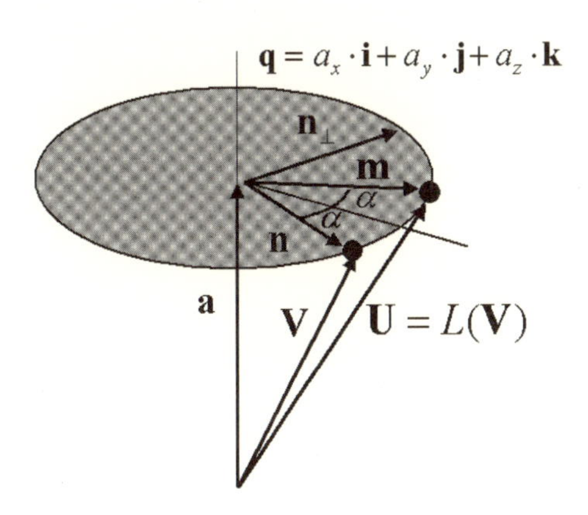

図 14.2　四元数 V の回転

例題：　$\alpha = \pi/3$とし，単位四元数$\mathbf{Q}$および任意の四元数$\mathbf{V}$を次式と置く。

$$\mathbf{Q} = \cos\frac{\pi}{3} + \left(\frac{1}{\sqrt{3}} \cdot \mathbf{i} + \frac{1}{\sqrt{3}} \cdot \mathbf{j} + \frac{1}{\sqrt{3}} \cdot \mathbf{k}\right) \cdot \sin\frac{\pi}{3} = \frac{1}{2} + \frac{1}{2} \cdot \mathbf{i} + \frac{1}{2} \cdot \mathbf{j} + \frac{1}{2} \cdot \mathbf{k}$$

$\mathbf{V} = \mathbf{i}$

このとき，$\mathbf{U} = L(\mathbf{V}) = \mathbf{Q} \cdot \mathbf{V} \cdot \overline{\mathbf{Q}}$ は次式となる。

$$\mathbf{U} = L(\mathbf{V}) = \mathbf{Q} \cdot \mathbf{V} \cdot \overline{\mathbf{Q}} \quad (= u_m + u_x \cdot \mathbf{i} + u_y \cdot \mathbf{j} + u_z \cdot \mathbf{k})$$

$$= 0 + \left\{ \left(2 \cdot \frac{1}{2^2} + 2 \cdot \frac{1}{2^2} - 1 \right) \cdot 1 + 2 \cdot \left(\frac{1}{2} \cdot \frac{1}{2} - \frac{1}{2} \cdot \frac{1}{2} \right) \cdot 0 + 2 \cdot \left(\frac{1}{2} \cdot \frac{1}{2} + \frac{1}{2} \cdot \frac{1}{2} \right) \cdot 0 \right\} \cdot \mathbf{i}$$

$$+ \left\{ 2 \cdot \left(\frac{1}{2} \cdot \frac{1}{2} + \frac{1}{2} \cdot \frac{1}{2} \right) \cdot 1 + \left(2 \cdot \frac{1}{2^2} + 2 \cdot \frac{1}{2^2} - 1 \right) \cdot 0 + 2 \cdot \left(\frac{1}{2} \cdot \frac{1}{2} - \frac{1}{2} \cdot \frac{1}{2} \right) \cdot 0 \right\} \cdot \mathbf{j}$$

$$+ \left\{ 2 \cdot \left(\frac{1}{2} \cdot \frac{1}{2} - \frac{1}{2} \cdot \frac{1}{2} \right) \cdot 1 + 2 \cdot \left(\frac{1}{2} \cdot \frac{1}{2} + \frac{1}{2} \cdot \frac{1}{2} \right) \cdot 0 + \left(2 \cdot \frac{1}{2^2} + 2 \cdot \frac{1}{2^2} - 1 \right) \cdot 0 \right\} \cdot \mathbf{k} = \mathbf{j}$$

なお，$\mathbf{Q} \cdot \mathbf{V} \cdot \overline{\mathbf{Q}}$ を右回転とすれば，$\overline{\mathbf{Q}} \cdot \mathbf{V} \cdot \mathbf{Q}$ は左回転となる。従って，一般に $\mathbf{Q} \cdot \mathbf{V} \cdot \overline{\mathbf{Q}} \neq \overline{\mathbf{Q}} \cdot \mathbf{V} \cdot \mathbf{Q}$ である。いわゆる，**非可換**である（問題 14.6）。

以上，このような四元数は，三次元画像処理の分野や，非可換であるため暗号などの情報通信分野において非常に有用である。

練習問題

問題 14.1　$\mathbf{i} \cdot \mathbf{j} \cdot \mathbf{k} = -1$ となることを証明しなさい。

問題 14.2　四元数 $\mathbf{Q} = q_v + q_x \cdot \mathbf{i} + q_y \cdot \mathbf{j} + q_z \cdot \mathbf{k}$ を $\mathbf{Q} = A \cdot e^{B \cdot \theta}$ で表した場合，A，B，θ を求めなさい。

問題 14.3　単位四元数 $\mathbf{Q} = \cos\theta + (a_x \cdot \mathbf{i} + a_y \cdot \mathbf{j} + a_z \cdot \mathbf{k}) \cdot \sin\theta$ において $a_x^2 + a_y^2 + a_z^2 = 1$ であることを示しなさい。

問題 14.4　単位四元数 $\mathbf{Q} = \cos\theta + (\frac{1}{\sqrt{3}} \cdot \mathbf{i} + \frac{1}{\sqrt{3}} \cdot \mathbf{j} + \frac{1}{\sqrt{3}} \cdot \mathbf{k}) \cdot \sin\theta$ において，四元数 $\mathbf{V}$ を $\mathbf{V} = \mathbf{i}$，θ を $\theta = \pi / 3$ とした場合，$\mathbf{Q} \cdot \mathbf{V} \cdot \overline{\mathbf{Q}}$ を求めなさい。

問題 14.5　四元数 $\mathbf{Q} = a \cdot \cos\theta + b \cdot (q_x \cdot \mathbf{i} + q_y \cdot \mathbf{j} + q_z \cdot \mathbf{k}) \cdot \sin\theta$ の逆元を求めなさい。

問題 14.6　本文例題において，$\mathbf{U}_2 = \overline{\mathbf{Q}} \cdot \mathbf{V} \cdot \mathbf{Q}$ を求め，例題の $\mathbf{U} = \mathbf{Q} \cdot \mathbf{V} \cdot \overline{\mathbf{Q}}$ と比較しなさい。

付録１　公式集

虚数単位：　$i=\sqrt{-1}$　（電気系では j）

共役複素数：　$\overline{x_1}(=x^*)=x_2$　（$x_1=\alpha-i\cdot\beta$，$x_2=\alpha+i\cdot\beta$）

極座標形式：　$x=a+i\cdot b \quad \to \quad a=r\cdot\cos\theta,\ b=r\cdot\sin\theta$

絶対値：　$r=|x|=|a+i\cdot b|=\sqrt{a^2+b^2}$

等価：　$a+i\cdot b=c+i\cdot d \quad \to \quad a=c,\ b=d$

和差：　$x_1\pm x_2=(a+i\cdot b)\pm(c+i\cdot d)=(a\pm c)+i\cdot(b\pm d)$

積算：　$x_1\cdot x_2=(a+i\cdot b)(c+i\cdot d)=(ac-bd)+i\cdot(ad+bc)$

除算：　$\dfrac{x_1}{x_2}=\dfrac{a+i\cdot b}{c+i\cdot d}=\dfrac{ac+bd}{c^2+d^2}+i\cdot\dfrac{bc-ad}{c^2+d^2}$

微分の定義式：　$\lim\limits_{h\to 0}\dfrac{f(x+h)-f(x)}{h}=\dfrac{d}{dx}f(x)=f'(x)$

関数の積の微分：　$\dfrac{d}{dx}\{f(x)\cdot g(x)\}=g(x)\cdot\dfrac{d}{dx}f(x)+f(x)\cdot\dfrac{d}{dx}g(x)$

関数の分数の微分：　$\dfrac{d}{dx}\left\{\dfrac{f(x)}{g(x)}\right\}=\dfrac{g(x)}{\{g(x)\}^2}\cdot\dfrac{d}{dx}f(x)-\dfrac{f(x)}{\{g(x)\}^2}\cdot\dfrac{d}{dx}g(x)$

関数の関数の微分：　$\dfrac{d}{dx}f\{g(x)\}=\dfrac{d}{dy}f(y)\cdot\dfrac{d}{dx}g(x) \qquad y=g(x)$

正則条件（コーシー・リーマンの方程式）：

$$\frac{\partial}{\partial x}u(x,y)=\frac{\partial}{\partial y}v(x,y), \qquad \frac{\partial}{\partial x}v(x,y)=-\frac{\partial}{\partial y}u(x,y)$$

調和関数の条件：　$\dfrac{\partial^2}{\partial x^2}u(x,y)+\dfrac{\partial^2}{\partial y^2}u(x,y)=0, \qquad \dfrac{\partial^2}{\partial x^2}v(x,y)+\dfrac{\partial^2}{\partial y^2}v(x,y)=0$

実数関数のテーラー級数展開式：

$$f(x)=f(\alpha)+\frac{f'(\alpha)}{1!}\cdot(x-\alpha)^1+\frac{f''(\alpha)}{2!}\cdot(x-\alpha)^2+\cdots+\frac{f^{(n)}(\alpha)}{n!}\cdot(x-\alpha)^n+\cdots$$

$$=\sum_{n=0}^{\infty}\frac{f^{(n)}(\alpha)}{n!}\cdot(x-\alpha)^n$$

実数関数のマクローリン級数展開式：

$$f(x)=f(0)+f'(0)\cdot x+\frac{f''(0)}{2}\cdot x^2+\cdots+\frac{f^{(n)}(0)}{n!}\cdot x^n+\cdots=\sum_{n=0}^{\infty}\frac{f^{(n)}(0)}{n!}\cdot x^n$$

$\cos\theta$ の展開式：　$\cos(\theta)=1-\frac{\theta^2}{2!}+\frac{\theta^4}{4!}-\frac{\theta^6}{6!}+\cdots$

$\sin\theta$ の展開式：　$\sin(\theta)=\theta-\frac{\theta^3}{3!}+\frac{\theta^5}{5!}-\frac{\theta^7}{7!}+\cdots$

オイラーの公式：　$e^{i\cdot\theta}=\cos\theta+i\cdot\sin\theta$

三角関数と指数関数との関係式：　$\cos(\theta)=\frac{e^{i\cdot\theta}+e^{-i\cdot\theta}}{2}$,　$\sin(\theta)=\frac{e^{i\cdot\theta}-e^{-i\cdot\theta}}{2\cdot i}$

三角関数の関係式：

$$2\{\sin(x)\cdot\sin(y)\}=-\cos(x+y)+\cos(x-y)$$
$$2\{\cos(x)\cdot\cos(y)\}=\cos(x+y)+\cos(x-y)$$
$$2\{\sin(x)\cdot\cos(y)\}=\sin(x+y)+\sin(x-y)$$
$$\cos(x+y)=\cos(x)\cdot\cos(y)-\sin(x)\cdot\sin(y)$$
$$\cos(x-y)=\cos(x)\cdot\cos(y)+\sin(x)\cdot\sin(y)$$
$$\sin(x+y)=\sin(x)\cdot\cos(y)+\cos(x)\cdot\sin(y)$$
$$\sin(x-y)=\sin(x)\cdot\cos(y)-\cos(x)\cdot\sin(y)$$

複素数のべき乗：　$f(z)=z^m=(x+i\cdot y)^m=\sum_{k=0}^{m}{}_mC_k x^k\cdot(i\cdot y)^{m-k}$

$$f(z)=z^m=r^m\cdot\{\cos(\theta+2mn\pi)+i\cdot\sin(\theta+2mn\pi)\}$$

複素数のべき乗根：$f(z)=z^{\frac{1}{m}}=r^{\frac{1}{m}}\cdot\left\{\cos\left(\frac{\theta+2n\pi}{m}\right)+i\cdot\sin\left(\frac{\theta+2n\pi}{m}\right)\right\}$

双曲線関数：　$\cosh(x)=\frac{e^x+e^{-x}}{2}$,　$\sinh(x)=\frac{e^x-e^{-x}}{2}$

$\cosh(i\cdot\theta)=\cos\theta$,　　$\sinh(i\cdot\theta)=i\cdot\sin\theta$

$\cos(i\cdot\theta)=\cosh\theta$,　　$\sin(i\cdot\theta)=i\cdot\sinh\theta$

対数関数：　$\log(x+i\cdot y)=\log(r\cdot e^{i\cdot\theta})=\log r+i\cdot(\theta+2n\pi)$

Green の定理：

$$\int_C \{u(x,y)\,dx + v(x,y)\,dy\} = \iint_D \left\{\frac{\partial}{\partial x}v(x,y) - \frac{\partial}{\partial y}u(x,y)\right\} dxdy$$

コーシーの定理： $\int_C f(z)\,dz = 0$

コーシーの積分公式： $f(\alpha) = \frac{1}{2\pi \cdot i}\int_C \frac{f(z)}{z-\alpha}dz$

n 階の微分係数： $f^{(n)}(\alpha) = \frac{n!}{2\pi \cdot i}\int_C \frac{f(z)}{(z-\alpha)^{n+1}}dz$

複素関数のテーラー級数展開式：

$$f(z) = \frac{1}{2\pi \cdot i}\sum_{n=0}^{\infty}(z-\beta)^n \cdot \int_C \frac{f(\alpha)}{(\alpha-\beta)^{n+1}}d\alpha = \sum_{n=0}^{\infty}(z-\beta)^n \cdot \frac{f^{(n)}(\beta)}{n!}$$

複素関数のマクローリン級数展開式：

$$f(z) = f(0) + f'(0)\cdot z + \frac{f''(0)}{2}\cdot z^2 + \cdots + \frac{f^{(n)}(0)}{n!}\cdot z^n + \cdots = \sum_{n=0}^{\infty}\frac{f^{(n)}(0)}{n!}\cdot z^n$$

ラプラス変換： $F(s) = \ell\{f(t)\} = \int_0^{\infty} f(t)\cdot e^{-s\cdot t}dt$

ラプラス逆変換： $f(t) = \ell^{-1}\{F(s)\} = \frac{1}{2\pi \cdot i}\int_{l-i\cdot\infty}^{l+i\cdot\infty} F(s)\cdot e^{s\cdot t}ds = \sum_n \mathrm{Res}(p_n)$

微分のラプラス変換： $\ell\left\{\frac{d}{dt}f(t)\right\} = -f(0) + s\cdot F(s)$

積分のラプラス変換： $\ell\{\int_0^t f(u)\,du\} = \frac{1}{s}\cdot F(s)$

周期関数のラプラス変換： $\ell\{f(t)\} = \frac{1}{1-e^{-s\cdot T}}\cdot F(s)$

たたみ込み積分のラプラス変換： $\ell\{\int_0^{\tau} f_1(\tau)\cdot f_2(t-\tau)\,d\tau\} = F_1(s)\cdot F_2(s)$

最終値定理（極限定理）： $\lim_{s\to 0} s\cdot F(s) = \lim_{t\to\infty} f(t)$

ラプラス変換の公式：

$$f(t)=a \quad \longleftrightarrow \quad F(s)=\frac{a}{s}$$

$$f(t)=t^n \quad (n=1,2,3,\cdots) \quad \longleftrightarrow \quad F(s)=\frac{n!}{s^{n+1}}$$

$$f(t)=t^{-\frac{1}{2}} \quad \longleftrightarrow \quad F(s)=\sqrt{\frac{\pi}{s}}$$

$$f(t)=t^x,\ (-1<x) \quad \longleftrightarrow \quad F(s)=\frac{F(x+1)}{s^{x+1}}$$

$$f(t)=e^{a\cdot t} \quad \longleftrightarrow \quad F(s)=\frac{1}{s-a}$$

$$f(t)=\cosh(at) \quad \longleftrightarrow \quad F(s)=\frac{s}{s^2-a^2}$$

$$f(t)=\sinh(at) \quad \longleftrightarrow \quad F(s)=\frac{a}{s^2-a^2}$$

$$f(t)=\cos(at) \quad \longleftrightarrow \quad F(s)=\frac{s}{s^2+a^2}$$

$$f(t)=\sin(at) \quad \longleftrightarrow \quad F(s)=\frac{a}{s^2+a^2}$$

$$f(t)=e^{b\cdot t}t^n \quad \longleftrightarrow \quad F(s)=\frac{n!}{(s-b)^{n+1}}$$

$$f(t)=e^{b\cdot t}\cosh(at) \quad \longleftrightarrow \quad F(s)=\frac{s-a}{(s-b)^2-a^2}$$

$$f(t)=e^{b\cdot t}\sinh(at) \quad \longleftrightarrow \quad F(s)=\frac{a}{(s-b)^2-a^2}$$

$$f(t)=e^{b\cdot t}\cos(at) \quad \longleftrightarrow \quad F(s)=\frac{s-a}{(s-b)^2+a^2}$$

$$f(t)=e^{b\cdot t}\sin(at) \quad \longleftrightarrow \quad F(s)=\frac{a}{(s-b)^2+a^2}$$

$$f(t)=\{\cosh(at)\}^2 \quad \longleftrightarrow \quad F(s)=\frac{s^2-2a^2}{s(s^2-4a^2)}$$

$$f(t)=\{\sinh(at)\}^2 \quad \longleftrightarrow \quad F(s)=\frac{2a^2}{s(s^2-4a^2)}$$

$$f(t)=\{\cos(at)\}^2 \quad \longleftrightarrow \quad F(s)=\frac{s^2+2a^2}{s(s^2+4a^2)}$$

$$f(t)=\{\sin(at)\}^2 \quad \longleftrightarrow \quad F(s)=\frac{2a^2}{s(s^2+4a^2)}$$

$$f(t)=t\cdot\cos(at) \quad \longleftrightarrow \quad F(s)=\frac{s^2-a^2}{(s^2+a^2)^2}$$

$$f(t)=t\cdot\sin(at) \quad \longleftrightarrow \quad F(s)=\frac{2as}{(s^2+a^2)^2}$$

フーリエ級数展開：

$$g(t)=\sum_{m=0}^{\infty} A_m \cdot \cos(2m\pi \cdot f_0)+\sum_{m=1}^{\infty} B_m \cdot \sin(2m\pi \cdot f_0)=\sum_{n=-\infty}^{\infty} C_n \cdot e^{j\cdot 2n\pi \cdot f_0 \cdot t}$$

$$A_0=\frac{1}{T}\cdot\int_0^T g(t)\,dt$$

$$A_m=\frac{2}{T}\cdot\int_0^T g(t)\cdot\cos(2m\pi\cdot f_0\cdot t)\,dt \qquad (m>0)$$

$$B_m=\frac{2}{T}\cdot\int_0^T g(t)\cdot\sin(2m\pi\cdot f_0\cdot t)\,dt \qquad (m>0)$$

$$C_n=\frac{1}{T}\cdot\int_0^T g(t)\cdot e^{-j\cdot 2n\pi\cdot f_0\cdot t}\,dt \qquad (\infty>n>-\infty)$$

フーリエ変換：　$G(f)=\lim_{T\to\infty} T\cdot C_n=\int_{-\infty}^{\infty} g(t)\cdot e^{-j\cdot 2\pi\cdot f\cdot t}dt$

フーリエ逆変換：　$g(t)=\int_{-\infty}^{\infty} G(f)\cdot e^{j\cdot 2\pi\cdot f\cdot t}\,df$

離散フーリエ変換：　$X[k]=\sum_{n=0}^{N-1} x[n]\cdot e^{-j\cdot 2\pi\cdot k\cdot \frac{n}{N}}$

離散フーリエ変換：　$x[n]=\frac{1}{N}\cdot\sum_{n=0}^{N-1} X[k]\cdot e^{j\cdot 2\pi\cdot k\cdot \frac{n}{N}}$

RC 直列回路の過渡現象

Cの両端電圧：　$v_C(t)=E\cdot\left(1-e^{-\frac{1}{RC}\cdot t}\right)$

Rの両端電圧：　$v_R(t)=E\cdot e^{-\frac{1}{RC}\cdot t}$

時定数：　$\tau=CR$

RC 直列回路（交流電源）の過渡現象

Cの両端電圧：　$v_C(t)=E\cdot\frac{1}{j\omega\cdot CR+1}\cdot\left(e^{j\omega\cdot t}-e^{-\frac{1}{RC}\cdot t}\right)$

Rの両端電圧：　$v_R(t)=E\cdot e^{j\omega t}-E\cdot\frac{1}{j\omega\cdot CR+1}\cdot\left(e^{j\omega\cdot t}-e^{-\frac{1}{RC}\cdot t}\right)$

RL 直列回路の過渡現象

L の両端電圧： $v_L(t) = L \cdot \frac{d}{dt} i_L(t) = E \cdot e^{-\frac{R}{L} \cdot t}$

R の両端電圧： $v_R(t) = E \cdot \left(1 - e^{-\frac{R}{L} \cdot t}\right)$

時定数： $\tau = \frac{L}{R}$

システム応答（インパルス応答，伝達関数）： $h(t)$

カスケード型回路網の通過条件： $-1 \le \frac{Z_1}{4Z_2} \le 0$

標本化関数： $\mathrm{sinc}(x) = \frac{\sin(x)}{x}$

標本化定理： $g(t) = \sum_{n=-\infty}^{\infty} g\left(\frac{n}{2\omega}\right) \cdot \mathrm{sinc}\left\{2\pi\omega\left(t - \frac{n}{2\omega}\right)\right\}$

LCR 直列回路の過渡現象

純虚数の場合： $v_C(t) = E \cdot \{1 - \cos(\omega t)\}$

複素数根の場合： $v_C(t) = E \cdot \left\{1 - e^{-\alpha \cdot t} \cdot \cos(\beta\, t) - \frac{\alpha}{\beta} \cdot e^{-\alpha \cdot t} \cdot \sin(\beta\, t)\right\}$

重根の場合： $v_C(t) = E \cdot \{1 - e^{-\omega \cdot t} - \omega\, t \cdot e^{-\omega \cdot t}\}$

実数根の場合： $v_C(t) = E \cdot \left\{1 - e^{-\alpha \cdot t} \cdot \cosh(\beta\, t) - \frac{\alpha}{\beta} \cdot e^{-\alpha \cdot t} \cdot \sinh(\beta\, t)\right\}$

システム内部状態のラプラス変換： $\mathbf{X}(s) = \frac{\mathbf{B} \cdot \mathbf{U}(s) + \mathbf{x}(0)}{s \cdot \mathbf{I} - \mathbf{A}}$

四元数： $\mathbf{Q} = w + x \cdot \mathbf{i} + y \cdot \mathbf{j} + z \cdot \mathbf{k}$　（w, x, y, z は実数）

（$\mathbf{i}^2 = \mathbf{j}^2 = \mathbf{k}^2 = -1, \quad \mathbf{i} \cdot \mathbf{j} = -\mathbf{j} \cdot \mathbf{i} = \mathbf{k}, \quad \mathbf{j} \cdot \mathbf{k} = -\mathbf{k} \cdot \mathbf{j} = \mathbf{i}, \quad \mathbf{k} \cdot \mathbf{i} = -\mathbf{i} \cdot \mathbf{k} = \mathbf{j}$）

四元数の和差：

$$\begin{aligned}\mathbf{P} \pm \mathbf{Q} &= (p_w + p_x \cdot \mathbf{i} + p_y \cdot \mathbf{j} + p_z \cdot \mathbf{k}) \pm (q_w + q_x \cdot \mathbf{i} + q_y \cdot \mathbf{j} + q_z \cdot \mathbf{k}) \\ &= (p_w \pm q_w) + (p_x \pm q_x) \cdot \mathbf{i} + (p_y \pm q_y) \cdot \mathbf{j} + (p_z \pm q_z) \cdot \mathbf{k}\end{aligned}$$

四元数の積：

$$\begin{aligned}\mathbf{P}\cdot\mathbf{Q} &= (p_w + p_x\cdot\mathbf{i} + p_y\cdot\mathbf{j} + p_z\cdot\mathbf{k})\cdot(q_w + q_x\cdot\mathbf{i} + q_y\cdot\mathbf{j} + q_z\cdot\mathbf{k})\\ &= (p_w\cdot q_w - p_x\cdot q_x - p_y\cdot q_y - p_z\cdot q_z) + (p_w\cdot q_x + p_x\cdot q_w + p_y\cdot q_z - p_z\cdot q_y)\cdot\mathbf{i}\\ &\quad + (p_w\cdot q_y + p_y\cdot q_w + p_z\cdot q_x - p_x\cdot q_z)\cdot\mathbf{j} + (p_w\cdot q_z + p_z\cdot q_w + p_x\cdot q_y - p_y\cdot q_x)\cdot\mathbf{k}\\ &= p_w\cdot q_w - \mathbf{p}\bullet\mathbf{q} + p_w\cdot\mathbf{q} + q_w\cdot\mathbf{p} + \mathbf{p}\times\mathbf{q}\end{aligned}$$

ベクトル内積：　$\mathbf{p}\bullet\mathbf{q} = p_x\cdot q_x + p_y\cdot q_y + p_z\cdot q_z$

ベクトル外積：

$$\begin{aligned}\mathbf{p}\times\mathbf{q} &= \begin{bmatrix}\mathbf{i} & \mathbf{j} & \mathbf{k}\\ p_x & p_y & p_z\\ q_x & q_y & q_z\end{bmatrix}\\ &= (p_y\cdot q_z - p_z\cdot q_y)\cdot\mathbf{i} + (p_z\cdot q_x - p_x\cdot q_z)\cdot\mathbf{j} + (p_x\cdot q_y - p_y\cdot q_x)\cdot\mathbf{k}\end{aligned}$$

四元数のノルム（距離）：　$N(\mathbf{Q}) = |\mathbf{Q}| = \sqrt{\mathbf{Q}\cdot\overline{\mathbf{Q}}} = \sqrt{q_w^2 + q_x^2 + q_y^2 + q_z^2}$

四元数の逆元：　$\mathbf{Q}^{-1} = \dfrac{\overline{\mathbf{Q}}}{|\mathbf{Q}|^2} = \dfrac{1}{q_w^2 + q_x^2 + q_y^2 + q_z^2}\cdot\{q_w - (q_x\cdot\mathbf{i} + q_y\cdot\mathbf{j} + q_z\cdot\mathbf{k})\}$

ここで，$q_w^2 + q_x^2 + q_y^2 + q_z^2 = 1$の場合，**単位四元数**という。このとき，

$\mathbf{Q}^{-1} = q_w - (a_x\cdot\mathbf{i} + a_y\cdot\mathbf{j} + a_z\cdot\mathbf{k})$

単位四元数：　$\mathbf{Q} = \cos\alpha + (a_x\cdot\mathbf{i} + a_y\cdot\mathbf{j} + a_z\cdot\mathbf{k})\cdot\sin\alpha$

ここで，$a_x^2 + a_y^2 + a_z^2 = 1$。

単位四元数の積：　$\mathbf{P}\cdot\mathbf{Q} = \cos(\alpha+\beta) + (a_x\cdot\mathbf{i} + a_y\cdot\mathbf{j} + a_z\cdot\mathbf{k})\cdot\sin(\alpha+\beta)$

（$\mathbf{P} = \cos\alpha + (a_x\cdot\mathbf{i} + a_y\cdot\mathbf{j} + a_z\cdot\mathbf{k})\cdot\sin\alpha,\ \mathbf{Q} = \cos\beta + (a_x\cdot\mathbf{i} + a_y\cdot\mathbf{j} + a_z\cdot\mathbf{k})\cdot\sin\beta$）

単位四元数のオイラーの公式：

$$\mathbf{Q} = \cos\alpha + (a_x\cdot\mathbf{i} + a_y\cdot\mathbf{j} + a_z\cdot\mathbf{k})\cdot\sin\alpha = e^{(a_x\cdot\mathbf{i} + a_y\cdot\mathbf{j} + a_z\cdot\mathbf{k})\cdot\alpha}$$

単位四元数の対数：

$$\log(\mathbf{Q}) = \log\{e^{(a_x\cdot\mathbf{i} + a_y\cdot\mathbf{j} + a_z\cdot\mathbf{k})\cdot\theta}\} = (a_x\cdot\mathbf{i} + a_y\cdot\mathbf{j} + a_z\cdot\mathbf{k})\cdot\theta$$

単位四元数の指数：

$$(\mathbf{Q})^t = \{e^{(a_x\cdot\mathbf{i} + a_y\cdot\mathbf{j} + a_z\cdot\mathbf{k})\cdot\theta}\}^t = \cos(\theta\cdot t) + (a_x\cdot\mathbf{i} + a_y\cdot\mathbf{j} + a_z\cdot\mathbf{k})\cdot\sin(\theta\cdot t)$$

単位四元数による右回転：

$$\mathbf{U}_1 = L_1(\mathbf{V}) = \mathbf{Q}\cdot\mathbf{V}\cdot\overline{\mathbf{Q}} \quad (= u_w + u_x\cdot\mathbf{i} + u_y\cdot\mathbf{j} + u_z\cdot\mathbf{k})$$
$$= v_w + \{(2\cdot q_w^2 + 2\cdot q_x^2 - 1)\cdot v_x + 2\cdot(q_x\cdot q_y - q_w\cdot q_z)\cdot v_y + 2\cdot(q_z\cdot q_x + q_w\cdot q_y)\cdot v_z\}\cdot\mathbf{i}$$
$$+ \{2\cdot(q_x\cdot q_y + q_w\cdot q_z)\cdot v_x + (2\cdot q_w^2 + 2\cdot q_y^2 - 1)\cdot v_y + 2\cdot(q_y\cdot q_z - q_w\cdot q_x)\cdot v_z\}\cdot\mathbf{j}$$
$$+ \{2\cdot(q_x\cdot q_z - q_w\cdot q_y)\cdot v_x + 2\cdot(q_y\cdot q_z + q_w\cdot q_x)\cdot v_y + (2\cdot q_w^2 + 2\cdot q_z^2 - 1)\cdot v_z\}\cdot\mathbf{k}$$
$$= v_w + (2\cdot q_w^2 - 1)\cdot\mathbf{v} + 2\cdot q_w\cdot(\mathbf{q}\times\mathbf{v}) + 2\cdot(\mathbf{q}\bullet\mathbf{v})\cdot\mathbf{q}$$

単位四元数による左回転：

$$\mathbf{U}_2 = L_2(\mathbf{V}) = \overline{\mathbf{Q}}\cdot\mathbf{V}\cdot\mathbf{Q} \quad (= u_w + u_x\cdot\mathbf{i} + u_y\cdot\mathbf{j} + u_z\cdot\mathbf{k})$$
$$= v_w + \{(2\cdot q_w^2 + 2\cdot q_x^2 - 1)\cdot v_x + 2\cdot(q_x\cdot q_y + q_w\cdot q_z)\cdot v_y + 2\cdot(q_z\cdot q_x - q_w\cdot q_y)\cdot v_z\}\cdot\mathbf{i}$$
$$+ \{2\cdot(q_x\cdot q_y - q_w\cdot q_z)\cdot v_x + (2\cdot q_w^2 + 2\cdot q_y^2 - 1)\cdot v_y + 2\cdot(q_y\cdot q_z + q_w\cdot q_x)\cdot v_z\}\cdot\mathbf{j}$$
$$+ \{2\cdot(q_x\cdot q_z + q_w\cdot q_y)\cdot v_x + 2\cdot(q_y\cdot q_z - q_w\cdot q_x)\cdot v_y + (2\cdot q_w^2 + 2\cdot q_z^2 - 1)\cdot v_z\}\cdot\mathbf{k}$$
$$= v_w + (2\cdot q_w^2 - 1)\cdot\mathbf{v} - 2\cdot q_w\cdot(\mathbf{q}\times\mathbf{v}) + 2\cdot(\mathbf{q}\bullet\mathbf{v})\cdot\mathbf{q}$$

群（Group，G）の定義：　$a,b,c \in G$において$a\cdot b \in G$，$ab\cdot c = a\cdot bc \in G$（交換法則），$a\cdot e = a$，$a^{-1}\cdot a = e \in G$（$a^{-1}$を**逆元**，$e$を**単位元**という）が成立。なお，$a\cdot b = b\cdot a$（交換法則）の場合**アーベル群**という。また，第2章例題の6個の解は**群**（巡回群という）になっている。すなわち，x_0が単位元eであり，x_1，x_2，x_3，x_4，x_5の逆元はそれぞれx_5，x_4，x_3，x_2，x_1である。

環（Link，L）の定義：　逆元および単位元を含むとともに，**加法**，**乗法**，**結合法則**，**分配法則**，**交換法則**が定義されている。すなわち，$a,b,c \in L$において，$a+(b+c) = (a+b)+c\ (\in L)$（結合法則），$a+b = b+a\ (\in L)$（交換法則），$a\cdot bc = ab\cdot c\ (\in L)$（結合法則），$a(b+c) = ab+ac$（分配法則），$(b+c)a = ba+ca$（分配法則），$ab = ba$（交換法則）が成立する。

体（Field，F）の定義：　**環**が0以外の要素（元）を少なくとも1つ持ち，$ax = b$，$ya = b$（$a \neq 0$）は解をもつ場合である。

付録2　練習問題解答

第1章

問題 1.1　$x_1 = \dfrac{-1+i\cdot\sqrt{3}}{2}$,　$x_2 = \dfrac{-1-i\cdot\sqrt{3}}{2}$

問題 1.2　$x^4-1=(x^2-1)\cdot(x^2+1)=(x-1)\cdot(x+1)\cdot(x-i)\cdot(x+i)=0$ から

4つの解は，$x_1=1$，$x_2=-1$，$x_3=i$，$x_4=-i$。

問題 1.3　因数分解 $(x+1)(x^2+1)(x^2+\sqrt{2}\cdot x+1)(x^2-\sqrt{2}\cdot x+1)=0$ から，

$$x_1=\frac{\sqrt{2}}{2}+i\cdot\frac{\sqrt{2}}{2},\quad x_2=i,\quad x_3=-\frac{\sqrt{2}}{2}+i\cdot\frac{\sqrt{2}}{2},\quad x_4=-1,$$

$$x_5=-\frac{\sqrt{2}}{2}-i\cdot\frac{\sqrt{2}}{2}=\overline{x_3},\quad x_6=-i=\overline{x_2},\quad x_7=\frac{\sqrt{2}}{2}-i\cdot\frac{\sqrt{2}}{2}=\overline{x_1}$$

問題 1.4

$$x_{1,2}=\frac{-a\pm i\cdot\sqrt{a^2-2}}{2},\quad y_{1,2}=\frac{a\pm i\cdot\sqrt{a^2-2}}{2}\qquad (a>\sqrt{2},\ -\sqrt{2}>a),$$

$$x_{1,2}=-\frac{a}{2},\quad y_{1,2}=\frac{a}{2}\qquad (a=\pm\sqrt{2}),$$

$$x_{1,2}=\frac{-a\pm\sqrt{2-a^2}}{2},\quad y_{1,2}=\frac{a\pm\sqrt{2-a^2}}{2}\qquad (\sqrt{2}>a>-\sqrt{2})$$

問題 1.5　$x_1=1$,　$x_2=1+i\cdot\sqrt{5}$,　$x_3=1-i\cdot\sqrt{5}$

問題 1.6　$x_1=-1$,　$x_2=3$,　$x_3=-1+i$,　$x_4=-1-i$

第2章

問題 2.1　(a)　$\sqrt{289}$　　(b)　$2+7\cdot i$　　(c)　$\dfrac{17-4\cdot\sqrt{3}}{9}$

(d)　$\dfrac{-8+\sqrt{3}}{2}-\dfrac{1+8\cdot\sqrt{3}}{2}\cdot i$　　(e)　$\dfrac{8+i}{13}$

問題 2.2　$x=-1$,　$y=2$

問題 2.3　（解答省略）$z_1=a+i\cdot b$，$z_2=c+i\cdot d$ として証明。

問題 2.4　（解答省略）$z_1 = a + i \cdot b$，$z_2 = c + i \cdot d$ として証明。

第3章

問題 3.1　正則　　　　　問題 3.2　正則ではない

問題 3.3　(a)(b)(c)とも正則であるため微分可能

問題 3.4　(a)　正則はでない　　(b)　正則　　(c)　正則はでない

問題 3.5　(a)　正則　　(b)　正則

問題 3.6　$v(x,y)$ だけを示す。

(a)　$v(x,y) = -2xy + C$　　(b)　$v(x,y) = -3x^3 + 3xy^2 + C$

(c)　$v(x,y) = -x - y^3 + 3x^2y + C$　　(d)　$v(x,y) = x^2 - y^2 + 2y + C$

(e)　$v(x,y) = x^2 - y^2 + 2xy - 3x - 2y + C$

問題 3.7　(a)　$v(x,y) = 3x^2y - x - y^3$　　(b)　$v(x,y) = 3x^2y + x^2 - y^3 - y^2$

(c)　$v(x,y) = e^{-x} \cdot \cos y$　　(d)　$v(x,y) = e^{-x} \cdot y \cdot \sin y + e^{-x} \cdot x \cdot \cos y$

(e)　$v(x,y) = x^3 - 3xy^2$　　(f)　$v(x,y) = x^3 + 3x^2y - 3xy^2 - y^3$

問題 3.8　$v(x,y) = 0$，　調和関数

問題 3.9　$v(r,\theta) = r^2 \cdot \sin(2\theta)$，　調和関数

問題 3.10　調和関数

第4章

問題 4.1

(a)　$\log_e x = 1 + \frac{x-e}{e} - \frac{(x-e)^2}{2 \cdot e^2} + \frac{(x-e)^3}{3 \cdot e^3} + \cdots + (-1)^{n-1} \frac{(x-e)^n}{n \cdot e^n} + \cdots$

(b)　$\log_e 5 + \sum_{n=1}^{\infty} (-1)^{n-1} \cdot \frac{1}{n} \cdot \frac{1}{5^n} \cdot (x-4)^n$

(c)　$\sum_{n=0}^{\infty} \frac{1}{n!} \cdot x^n$　　(d)　$\sum_{n=0}^{\infty} \frac{(-1)^n}{(2n)!} \cdot x^{2n}$　　(e)　$\sum_{n=0}^{\infty} \frac{(-1)^n}{(2n+1)!} \cdot x^{2n+1}$

(f)　$\sum_{n=0}^{\infty} x^n$　　(g)　$\frac{1}{6} \cdot \sum_{n=0}^{\infty} \left(-\frac{1}{6}\right)^n \cdot (x-3)^n$

(h)　$\sum_{n=0}^{\infty} (n+1)(x+1)^n$　　(i)　$1 + 2 \cdot \sum_{n=0}^{\infty} (-1)^{n+1} \cdot (x+1)^n$

(j) $3+17\cdot(x-3)+9\cdot(x-3)^2+(x-3)^3$

(k) $3+5\cdot(x-1)+4\cdot(x-1)^2+4\cdot(x-1)^3+(x-1)^4$

(l) $\displaystyle\sum_{n=0}^{\infty}(-1)^n\cdot\frac{2^{2n+1}}{(2n+1)!}\cdot x^{2n+1}$ (m) $\displaystyle 2\cdot\sum_{n=0}^{\infty}\frac{1}{(2n)!}\cdot x^{2n}$

問題 4.2 (a) $\sin\left(\dfrac{\pi}{12}\right)=\sqrt{\dfrac{1-\cos\left(\dfrac{\pi}{6}\right)}{2}}=\sqrt{\dfrac{1-\dfrac{\sqrt{3}}{2}}{2}}=\dfrac{\sqrt{2-\sqrt{3}}}{2}$

(b) $\cos\left(\dfrac{\pi}{12}\right)=\dfrac{\sqrt{2+\sqrt{3}}}{2}$

(c) $\sin\left(\dfrac{\pi}{24}\right)=\sqrt{\dfrac{1-\cos\left(\dfrac{\pi}{12}\right)}{2}}=\sqrt{\dfrac{1-\dfrac{\sqrt{2+\sqrt{3}}}{2}}{2}}=\dfrac{\sqrt{2-\sqrt{2+\sqrt{3}}}}{2}$

(d) $\cos\left(\dfrac{\pi}{24}\right)=\dfrac{\sqrt{2+\sqrt{2+\sqrt{3}}}}{2}$

問題 4.3 $\dfrac{1}{2^{n-1}}\cdot\sin\left(\dfrac{\pi}{2}\right)=\dfrac{1}{2^{n-1}}$

問題 4.4 (a) $i\cdot\sin\left(\dfrac{\pi}{2}+2n\pi\right)$ (b) $\cos\left(\dfrac{\pi}{4}+n\pi\right)+i\cdot\sin\left(\dfrac{\pi}{4}+n\pi\right)$

(c) $\cos\left(\dfrac{\pi}{6}+\dfrac{2n\pi}{3}\right)+i\cdot\sin\left(\dfrac{\pi}{6}+\dfrac{2n\pi}{3}\right)$

(d) $4\cdot\cos\left(\dfrac{\pi}{6}+2n\pi\right)+i\cdot 4\cdot\sin\left(\dfrac{\pi}{6}+2n\pi\right)$

(e) $5\sqrt{2}\cdot\cos\left(\dfrac{3\pi}{4}+2n\pi\right)+i\cdot 5\sqrt{2}\cdot\sin\left(\dfrac{3\pi}{4}+2n\pi\right)$

(f) $2\cdot\cos\left(\dfrac{\pi}{12}+n\pi\right)+i\cdot 2\cdot\sin\left(\dfrac{\pi}{12}+n\pi\right)$

(g) $\sqrt[6]{50}\cdot\cos\left(\dfrac{\pi}{4}+\dfrac{2n\pi}{3}\right)+i\cdot\sqrt[6]{50}\cdot\sin\left(\dfrac{\pi}{4}+\dfrac{2n\pi}{3}\right)$

問題 4.5

$$(x_2, y_2, z_2) = \left(\frac{1}{2}\cdot x_1 + \frac{\sqrt{3}}{2}\cdot\frac{\sqrt{2}}{2}\cdot(y_1+z_1),\ \frac{\sqrt{2}}{2}\cdot(y_1-z_1),\ -\frac{\sqrt{3}}{2}\cdot x_1 + \frac{1}{2}\cdot\frac{\sqrt{2}}{2}\cdot(y_1+z_1)\right)$$

第 5 章

問題 5.1　$\cos\left(\frac{2k\pi}{n}\right) + i\cdot\sin\left(\frac{2k\pi}{n}\right) \quad (k = 0, 1, 2, \cdots, n-1)$

問題 5.2　(a)　$i\cdot\left(\frac{\pi}{2}+2n\pi\right)$　(b)　$i\cdot\left(\frac{3\pi}{2}+2n\pi\right)$　(c)　$i\cdot\left(\frac{\pi}{3}+2n\pi\right)$

問題 5.3　(a)　$e^{-\gamma} = 1 + \frac{z}{2} - \sqrt{\left(\frac{z}{2}\right)^2 + z}$　(b)　$\cosh(\gamma) = 1 + \frac{z}{2}$

(c)　$\sinh(\gamma) = \sqrt{\left(\frac{z}{2}\right)^2 + z}$　(d)　$\sinh\left(\frac{\gamma}{2}\right) = \frac{\sqrt{z}}{2}$

問題 5.4　(a)　$z_{1,2} = -\frac{1}{2} \pm \frac{\sqrt{19}}{2}\cdot i$　(b)　$z_{1,2} = -1 \pm i$

(c)　$z_1 = -a, \quad z_2 = -b$　(d)　$z_1 = 0, \quad z_{2,3} = -1 \pm 2\cdot i$

(e)　$z_1 = a^{\frac{2}{3}}\cdot\left(\frac{1}{2}+\frac{\sqrt{3}}{2}\cdot i\right), \quad z_2 = -a^{\frac{2}{3}}, \quad z_3 = a^{\frac{2}{3}}\cdot\left(\frac{1}{2}-\frac{\sqrt{3}}{2}\cdot i\right)$

(f)　n 位の $z = -a$

問題 5.5　(a)(b)　$y = \mathrm{Im}(a),\ x \geq 0$ で切断され，連結している。

(c)　図 5.3 と同じ。

第 6 章

問題 6.1　(a)　$\frac{2}{3}+i$　(b)　$2-3\cdot i$　(c)　$\frac{\sqrt{2}}{2}+i\cdot\left(\frac{\sqrt{2}}{2}-1\right)$

(d)　$\frac{\sqrt{2}}{2}\cdot\left(\frac{\pi}{4}+1\right)-1+i\cdot\frac{\sqrt{2}}{2}\cdot\left(\frac{\pi}{4}-1\right)$　(e)　$-\frac{1}{2}-i\cdot 2\log 2$

(f)　$\frac{\sqrt{3}}{4}+i\cdot\frac{1}{4}$

問題 6.2

$$I_1 = \int_{C_1} \overline{z(t)} \cdot dz = \int_{\pi}^{0} e^{-i \cdot t} \cdot i \cdot e^{i \cdot t} dt = -i \cdot \int_0^{\pi} dt = -i \cdot \pi$$

$$I_2 = \int_{C_2} \overline{z(t)} \cdot dz = \int_{\pi}^{2\pi} e^{-i \cdot t} \cdot i \cdot e^{i \cdot t} dt = i \cdot \int_{\pi}^{2\pi} dt = i \cdot \pi$$

問題 6.3　$\int_0^2 \int_0^{2\pi} (-3 \cdot r^3)\, d\theta dr = -24 \cdot \pi$

問題 6.4　-2

問題 6.5　(a)　$\int_0^a \int_0^{2\pi} (3 \cdot r)\, d\theta dr = 3a^2 \cdot \pi$

(b)　$\int_0^a \int_0^{2\pi} r^3 \cdot (\cos\theta)^2\, d\theta dr = \frac{a^4}{4} \cdot \pi$

第 7 章

問題 7.1　(a)　$z_{1,2} = -\frac{1}{2} \pm i\frac{1}{2}$　　$\mathrm{Res}(z_1) = \frac{1}{z_1 - z_2} = \frac{1}{i} = -i$

(b)　$z_{1,2} = -1 \pm i$　　$\mathrm{Res}(z_1) = \frac{z_1 + 1}{z_1 - z_2} = \frac{1}{2}$

(c)　$z_1 = -a,\ \ z_2 = -b$　　$\mathrm{Res}(z_1) = \frac{2}{-a+b} = \frac{2}{b-a}$

(d)　$z_1 = 0,\ \ z_{2,3} = -1 \pm 2 \cdot i$　　$\mathrm{Res}(z_1) = \frac{10}{5} = 2$，　$\mathrm{Res}(z_2) = -1$

(e)　$z_1 = a^{\frac{2}{3}} \cdot \left(\frac{1}{2} + \frac{\sqrt{3}}{2} \cdot i\right)$,　$z_2 = -a^{\frac{2}{3}}$,　$z_3 = a^{\frac{2}{3}} \cdot \left(\frac{1}{2} - \frac{\sqrt{3}}{2} \cdot i\right)$

$\mathrm{Res}(z_1) = a^{-\frac{4}{3}} \cdot \left(-\frac{2}{3} - \frac{2}{3}\sqrt{3} \cdot i\right)$,　　$\mathrm{Res}(z_2) = \frac{4}{3} \cdot a^{-\frac{4}{3}}$

(f)　n 位の $z = -a$　　$\mathrm{Res}(z) = \frac{1}{(n-1)!}$

第 8 章

問題 8.1　(a)　$f(z) = \sum_{n=1}^{\infty} n \cdot (z - \beta)^{n-1}$　　$(|z - \beta| < 1)$

(b) $f(z)=\sum_{n=1}^{\infty}(1+i)^n\cdot(z-\beta)^{n-1}\qquad(|z-\beta|<1)$

(c) $f(z)=\sum_{n=1}^{\infty}n(n+1)\cdot(z-\beta)^{n-1}\qquad(|z-\beta|<1)$

(d) $f(z)=\sum_{n=1}^{\infty}n(n-1)\cdot(z-\beta)^{n-1}\qquad(|z-\beta|<1)$

問題 8.2　(a)

$$f(z)=(z-\beta)^3+3\beta\cdot(z-\beta)^2+(3\beta^2-10)\cdot(z-\beta)+(\beta^3-10\beta+6)$$

(b)

$$f(z)=(z-\beta)^4+4\beta\cdot(z-\beta)^3+(6\beta^2-2)\cdot(z-\beta)^2$$
$$+(4\beta^3-4\beta+5)(z-\beta)+(\beta^4-2\beta^2+5\beta-1)$$

問題 8.3

(a) $f(z)=e^z=\sum_{n=0}^{\infty}\frac{1}{n!}\cdot z^n$　　(b) $f(z)=\sin(z)=\sum_{n=0}^{\infty}\frac{(-1)^{n+1}}{(2n+1)!}\cdot z^{2n+1}$

(c) $f(z)=\sinh(z)=\sum_{n=0}^{\infty}\frac{1}{(2n+1)!}\cdot z^{2n+1}$

(d) $f(z)=\sin(2z)=\sum_{n=0}^{\infty}(-1)^n\cdot\frac{2^{2n+1}}{(2n+1)!}\cdot z^{2n+1}$

(e) $f(z)=e^z+e^{-z}=2\cdot\sum_{n=0}^{\infty}\frac{1}{(2n)!}\cdot z^{2n}$

(f) $f(z)=1+\sum_{n=1}^{\infty}\frac{\alpha(\alpha-1)\cdots(\alpha-n+1)}{n!}\cdot z^n$

この級数展開式を**ニュートンの級数**という。

第9章

問題 9.1　(a) $\frac{1}{s+a}$　　(b) $\frac{1}{(s+3)^2}$

(c) $\frac{2}{s^2+16}$　　(d) $\frac{2}{s^3}+\frac{2}{s^2}+\frac{1}{s}$　　(e) $\frac{s}{s^2+a^2}$

(f) $\frac{1}{2}\left\{\frac{s}{s^2+(a+b)^2}+\frac{s}{s^2+(a-b)^2}\right\}$　(g) $\frac{2as}{(s^2+a^2)^2}$

(h) $\frac{s^2-a^2}{(s^2+a^2)^2}$　(i) $\frac{6}{s^4}+\frac{5}{s^2}-\frac{2}{s}$　(j) $a\frac{n!}{s^{n+1}}$

問題 9.2 (a) $f(t)=\frac{\sqrt{3}}{2}\cdot e^{-t}\cdot\sin(2\sqrt{3}\cdot t)$　(b) $f(t)=e^{-t}\cdot\cos t$

(c) $f(t)=2\cdot e^{-t}\cdot\cos(2t)-e^{-t}\cdot\sin(2t)$

(d) $f(t)=2\cdot\cos(3t)+\sin(3t)$　(e) $f(t)=1-e^{-4\cdot t}$

(f) $f(t)=e^{-2\cdot t}\cdot\left\{\cos(2\cdot t)+\frac{5}{2}\cdot\sin(2\cdot t)\right\}$

問題 9.3 (a) $f(t)=-\frac{1}{5}+\frac{22}{35}\cdot e^{5t}+\frac{4}{7}\cdot e^{-2t}$

(b) $f(t)=2\cdot e^{t}-e^{2t}$　(c) $f(t)=\frac{4}{9}\cdot e^{-t}+\frac{t}{3}\cdot e^{2t}+\frac{5}{9}\cdot e^{2t}$

(d) $f(t)=\frac{\sqrt{3}-1}{2}\cdot e^{(1+\sqrt{3})t}-\frac{\sqrt{3}+1}{2}\cdot e^{(1-\sqrt{3})t}+e^{-t}$

$=\sqrt{3}\cdot e^{t}\cdot\sinh(\sqrt{3}\cdot t)-e^{t}\cdot\cosh(\sqrt{3}\cdot t)+e^{-t}$

(e) $f(t)=\frac{9+\sqrt{3}}{12}\cdot e^{(1+\sqrt{3})t}+\frac{9-\sqrt{3}}{12}\cdot e^{(1-\sqrt{3})t}-\frac{1}{2}\cdot e^{2t}$

$=\frac{3}{2}\cdot e^{t}\cdot\cosh(\sqrt{3}\cdot t)+\frac{\sqrt{3}}{6}\cdot e^{t}\cdot\sinh(\sqrt{3}\cdot t)-\frac{1}{2}\cdot e^{2t}$

(f) $f(t)=\frac{t}{4}\cdot\cosh(t)-\frac{1}{4}\cdot\sinh(t)+(3\cdot t+1)\cdot e^{t}$

第 10 章

問題 10.1 (a) $A_0=1$, $A_n=0\quad(n=1,2,3,\cdots)$, $B_n=-\frac{2}{n\pi}\quad(n=1,2,3,\cdots)$

$$g(t)=1-\frac{2}{\pi}\cdot\sum_{n=1}^{\infty}\frac{\sin(n\pi t)}{n}$$

(b)　$A_0 = \frac{8}{3}, \quad A_n = -\frac{16}{(n\pi)^2} \cdot \cos(n\pi) \quad (n = 1, 2, 3, \cdots),$

$B_n = 0 \quad (n = 1, 2, 3, \cdots), \qquad g(t) = \frac{8}{3} - \frac{16}{\pi^2} \cdot \sum_{n=1}^{\infty} \frac{\cos(n\pi)}{n^2} \cdot \cos\left(\frac{n\pi}{2} \cdot t\right)$

(c)　$A_n = 0 \;(n = 0, 1, 2, 3, \cdots),$

$B_n = \frac{2}{n\pi} \quad (n = 1, 3, 5, \cdots), \qquad B_n = 0 \quad (n = 2, 4, 6, \cdots)$

$g(t) = \sum_{k=1}^{\infty} \frac{2}{(2k-1)\pi} \cdot \sin\{(2k-1)\, t\}$

(d)　$A_0 = \frac{17}{12}, \quad A_n = \frac{3 \cdot \cos(n\pi) - 1}{(n\pi)^2} = \frac{3 \cdot (-1)^n - 1}{(n\pi)^2},$

$B_n = \frac{2 \cdot \{\cos(n\pi) - 1\}}{(n\pi)^2} = \frac{2 \cdot \{(-1)^n - 1\}}{(n\pi)^2}, \quad (n = 1, 2, 3, \cdots)$

$g(t) = \frac{17}{12} + \frac{1}{\pi^2} \cdot \sum_{k=1}^{\infty} \frac{3 \cdot (-1)^n - 1}{n^2} \cdot \cos(n\pi\, t) + \frac{2}{\pi^2} \cdot \sum_{n=1}^{\infty} \frac{(-1)^n - 1}{n^2} \cdot \sin(n\pi\, t)$

(e)　$A_0 = \frac{1}{2}, \qquad A_n = 0 \;(n = 1, 2, 3, \cdots),$

$B_n = \frac{2}{n\pi} \quad (n = 1, 3, 5, \cdots), \qquad B_n = 0 \quad (n = 2, 4, 6, \cdots)$

$g(t) = \frac{1}{2} + \frac{2}{\pi} \cdot \sum_{k=1}^{\infty} \frac{\sin\{(2k-1)\, t\}}{2k-1}$

問題 10.2　(a)　$G(f) = \frac{1}{\pi f} \cdot \sin(\pi f) = \mathrm{sinc}(\pi f)$

(b)　$G(f) = \frac{1}{j \cdot 2\pi f + 1}$

問題 10.3　$X[0] = 5, \quad X[1] = 3 - 2 \cdot j, \quad X[2] = -3, \quad X[3] = 3 + 2 \cdot j$

問題 10.4　$X[0] = 2, \quad X[1] = 1 + j, \quad X[2] = 0, \quad X[3] = 1 - j$

問題 10.5　$x[0] = 2, \quad x[1] = 3, \quad x[2] = -1, \quad x[3] = 1$

第11章

問題 11.1　$i(t)=\dfrac{E}{R+j\omega L}\cdot e^{j\omega\cdot t}\cdot\left\{1-e^{-\left(\frac{R}{L}+j\omega\right)\cdot t}\right\}$

$$v_L(t)=L\cdot\frac{d}{dt}i(t)=\frac{E\cdot j\omega L}{R+j\omega L}\cdot e^{j\omega\cdot t}\cdot\left\{1-e^{-\left(\frac{R}{L}+j\omega\right)\cdot t}\right\}+E\cdot e^{-\frac{R}{L}\cdot t}$$

問題 11.2　第13章 (1) 参照

問題 11.3　$R=2\cdot\sqrt{\dfrac{L}{C}}$ の場合$\eta=1$である（第13章(1)参照）。従って

$$v_C(t)=E\cdot\ell^{-1}\left\{\frac{1}{s-j\omega}\cdot\frac{\omega^2}{(s+\omega)^2}\right\}=\frac{E\cdot e^{-\omega\cdot t}}{2j}\cdot\{1-(1+j)\cdot\omega t\cdot e^{-(1+j)\cdot\omega\cdot t}\}$$

ここで，$R=2\cdot\sqrt{\dfrac{L}{C}}$ のとき，$\omega CR=2$ となる。

第12章

問題 12.1　$g(t)=\dfrac{Ea}{a^2+b^2}\cdot\{a\cdot\sin(bt)-b\cdot\cos(bt)+b\cdot e^{-at}\}$

問題 12.2　$Z_0=\dfrac{R}{2}\cdot\left(1+\sqrt{1-j\cdot\dfrac{4}{\omega CR}}\right)$，　$H(f)=1+j\cdot\dfrac{\omega CR}{2}-j\cdot\dfrac{\omega CR}{2}\cdot\sqrt{1-j\cdot\dfrac{4}{\omega CR}}$

問題 12.3　1秒間に最大10000パルス。

第13章

問題 13.1　$H(s)=\dfrac{K}{s+K}\quad\rightarrow\quad h(t)=K\cdot e^{-K\cdot t}\quad\rightarrow\quad K=10$

問題 13.2　$H(s)=\dfrac{K_1K_2}{s+K_1K_2}\quad\rightarrow\quad h(t)=K_1K_2\cdot e^{-K_1K_2\cdot t}\quad\rightarrow\quad K_1K_2=10$

問題 13.3　ブロック線図解答例（複数解答あり）

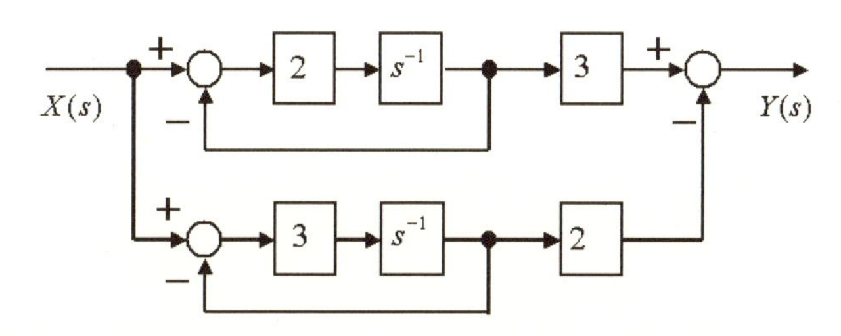

$$F(s)=3\cdot\frac{1}{s}\cdot\frac{2}{s+2}-2\cdot\frac{1}{s}\cdot\frac{3}{s+3}$$
$$\rightarrow\ f(t)=3\cdot\left(1-e^{-2\cdot t}\right)-2\cdot\left(1-e^{-3\cdot t}\right)=1-3\cdot e^{-2\cdot t}+2\cdot e^{-3\cdot t}$$

グラフは省略

第14章

問題 14.1　$(\mathbf{i}\cdot\mathbf{j})\cdot\mathbf{k}=\mathbf{k}\cdot\mathbf{k}=\mathbf{k}^2=-1$，または $\mathbf{i}\cdot(\mathbf{j}\cdot\mathbf{k})=\mathbf{i}\cdot\mathbf{i}=\mathbf{i}^2=-1$

問題 14.2　$A=|\mathbf{Q}|=\sqrt{q_v^2+q_x^2+q_y^2+q_z^2}$，　$B=\dfrac{q_x\cdot\mathbf{i}+q_y\cdot\mathbf{j}+q_z\cdot\mathbf{k}}{\sqrt{q_x^2+q_y^2+q_z^2}}$，

$$\theta=\tan^{-1}\frac{\sqrt{q_x^2+q_y^2+q_z^2}}{q_v}\quad(\tan\theta=\frac{\sqrt{q_x^2+q_y^2+q_z^2}}{q_v})$$

問題 14.3　$|\mathbf{Q}|^2=q_w^2+q_x^2+q_y^2+q_z^2=1$から $(\cos\theta)^2+(a_x^2+a_y^2+a_z^2)\cdot(\sin\theta)^2=1$

従って，$a_x^2+a_y^2+a_z^2=\dfrac{1-(\cos\theta)^2}{(\sin\theta)^2}=\dfrac{(\sin\theta)^2}{(\sin\theta)^2}=1$。

問題 14.4　$\mathbf{Q}\cdot\mathbf{V}\cdot\overline{\mathbf{Q}}=\mathbf{j}$

問題 14.5　$\mathbf{Q}^{-1}=\dfrac{a\cdot\cos\theta-b\cdot(q_x\cdot\mathbf{i}+q_y\cdot\mathbf{j}+q_z\cdot\mathbf{k})\cdot\sin\theta}{a^2\cdot(\cos\theta)^2+b^2(q_x^2+q_y^2+q_z^2)\cdot(\sin\theta)^2}$

問題 14.6　$q_w=\dfrac{1}{2}$，$q_x=q_y=q_z=-\dfrac{1}{2}$を代入して

$$\mathbf{U}_2=L(\mathbf{V})=\overline{\mathbf{Q}}\cdot\mathbf{V}\cdot\mathbf{Q}=\{(2\cdot q_m^2+2\cdot q_x^2-1)\cdot 1\}\cdot\mathbf{i}$$
$$+\{2\cdot(q_x\cdot q_y+q_w\cdot q_z)\cdot 1\}\cdot\mathbf{j}+\{2\cdot(q_x\cdot q_z-q_w\cdot q_y)\cdot 1\}\cdot\mathbf{k}$$
$$=\left\{2\cdot\left(\frac{1}{2}\right)^2+2\cdot\left(-\frac{1}{2}\right)^2-1\right\}\cdot\mathbf{i}+\left\{2\cdot\left(-\frac{1}{2}\right)\cdot\left(-\frac{1}{2}\right)+2\cdot\left(\frac{1}{2}\right)\cdot\left(-\frac{1}{2}\right)\right\}\cdot\mathbf{j}$$
$$+\left\{2\cdot\left(-\frac{1}{2}\right)\cdot\left(-\frac{1}{2}\right)-2\cdot\left(\frac{1}{2}\right)\cdot\left(-\frac{1}{2}\right)\right\}\cdot\mathbf{k}=\mathbf{k}$$

従って，$\mathbf{Q}\cdot\mathbf{V}\cdot\overline{\mathbf{Q}}\neq\overline{\mathbf{Q}}\cdot\mathbf{V}\cdot\mathbf{Q}$。

参考文献

- R. V. チャーチル・J. W. ブラウン　著,　中野 實 訳, 複素関数入門, 数学書房, 2010.
- James Ward Brown and Ruel V. Churchill, Complex Variables and Applications, McGraw-Hill Companies, Inc., 2004.
- Mark J. Ablowitz and Athanassios S. Fokas, Complex Variables Introduction and Applications, Cambridge University Press, 2003.
- Murray R. Spiegel, Seymour Lipschutz, John J. Schiller and Dennis Spellman, Complex Variables, McGraw-Hill Companies, Inc., 2009.
- Jack B. Kuipers, Quaternions and Rotation Sequences, Princeton University Press, 2002.

索 引

［タ］ 行

［ナ］ 行

［ハ］ 行

［マ］ 行

［ヤ］ 行

［ラ］ 行

著者略歴

吉岡　良雄（よしおか　よしお）

1978 年 3 月　東北大学大学院工学研究科博士課程（情報工学専攻）修了，工学博士
1978 年 4 月～1989 年 6 月　岩手大学工学部（情報工学科）・助手，講師，助教授
1989 年 6 月～2013 年 3 月　弘前大学理学部・理工学部・大学院理工学研究科・教授
2013 年 4 月～現在　弘前大学・名誉教授

研究分野：　コンピュータネットワーク，待ち行列システム
著書：　吉岡，“電気系の確率とその応用”森北出版，1987 年 4 月
吉岡，“図解 ネットワークの基礎”オーム社，1991 年 8 月
吉岡，“待ち行列と確率分布”森北出版，2004 年 1 月
吉岡，“情報系の確率・統計”弘前大学出版会，2008 年 9 月
その他

長瀬　智行（ながせ　ともゆき）

1994年3月　東北大学大学院工学研究科（機械工学専攻）博士後期課程修了，博士（工学）
1995 年 8 月～1997 年 9 月　弘前大学理学部（情報科学科）・助手
1997 年 10 月～現在　弘前大学大学院理工学研究科・准教授
2001 年 10 月～2002 年 9 月　San Diego State University, USA，Visiting Lecturer
研究分野：　無線ネットワーク，情報セキュリティ
著書：　T. Nagase and Y. Yoshioka，“Introduction to Networks Engineering”，弘前大学出版会，2008 年 3 月.
吉岡・長瀬，“確率・統計入門（Introduction to Probability and Statistics）”，弘前大学出版会，2014 年 8 月.
その他

表紙デザイン　服部　佳彦

複素関数入門

Introduction to Complex Functions

2015年　3月31日　初版第１刷発行

編著者　吉岡　良雄
　　　　長瀬　智行

発行所　弘前大学出版会

〒036-8560　弘前市文京町１
Tel.0172-39-3168　Fax.0172-39-3171

印刷・製本　青森コロニー印刷

ISBN 978-4-907192-26-6